重庆市职业教育学会规划教材／职业教育传媒艺术类专业新形态教材

三维建模及应用

SANWEI JIANMO JI YINGYONG

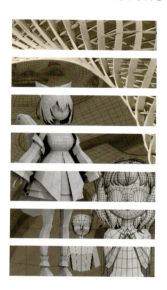

U0190754

主　编　**牟向宇**

重庆大学出版社

图书在版编目（CIP）数据

三维建模及应用 / 牟向宇主编. --重庆：重庆大
学出版社，2024.5
职业教育传媒艺术类专业新形态教材
ISBN 978-7-5689-4380-2

Ⅰ.①三…　Ⅱ.①牟　Ⅲ.①三维动画软件—职业教
育—教材　Ⅳ.①TP391.414

中国国家版本馆CIP数据核字（2024）第053203号

职业教育传媒艺术类专业新形态教材
三维建模及应用
SANWEI JIANMO JI YINGYONG

主　　编：牟向宇
策划编辑：席远航　蹇　佳　周　晓
责任编辑：席远航　　　装帧设计：品木文化
责任校对：关德强　　　责任印制：赵　晟

重庆大学出版社出版发行
出版人：陈晓阳
社　　址：重庆市沙坪坝区大学城西路21号
邮　　编：401331
电　　话：（023）88617190　88617185（中小学）
传　　真：（023）88617186　88617166
网　　址：http://www.cqup.com.cn
邮　　箱：fxk@cqup.com.cn（营销中心）
全国新华书店经销
印刷：重庆长虹印务有限公司

开本：787mm×1092mm　1/16　印张：8.5　字数：163千
2024年5月第1版　　2024年5月第1次印刷
ISBN 978-7-5689-4380-2　定价：49.00元

前 言
FOREWORD

　　本教材体现了"岗课赛证"融合的人才培养过程，以校企合作开发真实项目案例为驱动，以虚拟现实工程技术人员三维模型师岗位要求、全国电子信息行业新技术应用职业技能竞赛动画制作员（VR技术应用）赛项要求、全国职业院校技能大赛虚拟现实（VR）设计与制作赛项要求、《虚拟现实应用开发》X证书要求内容融通为主线，对应"岗课赛证"人才培养考核标准，运用纸质教材+线上教学资源多措并举实施编写。前期建设的虚拟现实应用技术专业国家教学资源库课程"三维基础建模""三维高级建模"和"次世代建模"为本次教材编写提供有力的基础条件。

　　本教材主要内容包括：

　　模块一介绍虚拟现实基础理论知识；模块二介绍虚拟现实项目模型制作规范；模块三介绍传统手绘贴图流程案例，含三维模型师岗位、虚拟现实应用开发X证书初级和中级三维建模领域、全国电子信息行业新技术应用职业技能竞赛动画制作员（VR技术应用）赛项要求中正向建模部分、全国职业院校技能大赛虚拟现实（VR）设计与制作赛项要求中职组建模考核内容；模块四介绍次世代建模技术案例，含三维模型师岗位、虚拟现实应用开发X证书高级三维建模领域、全国电子信息行业新技术应用职业技能竞赛动画制作员（VR技术应用）赛项要求中正向建模部分、全国职业院校技能大赛虚拟现实（VR）设计与制作赛项要求中高职组建模考核内容；模块五介绍虚幻引擎场景搭建案例，含全国职业院校技能大赛虚拟现实（VR）设计与制作赛项中、高职组建模考核内容；另以二维码的形式收录了优秀案例、相关软件常用命令快捷键等。

本教材由校企合作撰写，团队成员包括重庆电子工程职业学院牟向宇、郑玲、刘宜东老师，重庆工业职业技术学院郭一可老师，上海曼恒数字技术股份有限公司于洋，重庆励思互娱文化传播有限公司彭豪、陈康兴、俞华炜。

本书由牟向宇任主编并对全书进行审定，刘宜东负责统稿。参编人员及具体分工为：牟向宇编写模块二、三、四这三个模块的部分内容；郑玲编写模块一全部内容；郭一可编写模块三部分内容；于洋编写模块二部分内容；刘宜东编写模块四部分内容；彭豪编写模块四部分内容；陈康兴编写模块四部分内容；俞华炜编写模块五全部内容。本书的出版得到了重庆大学出版社的大力支持，在此一并致谢！

由于信息资源及数据库发展迅速，加之编者水平有限，书中难免存在遗漏和不妥之处，敬请读者谅解和指正，不胜感激。

编　者

2023年12月

目　录
CONTENTS

模块一｜虚拟现实基础

任务一　虚拟现实、增强现实、混合现实概述

1.1.1　虚拟现实、增强现实、混合现实的概念

虚拟现实：虚拟现实技术是利用三维图像生成技术、多传感交互技术以及高分辨显示技术，借助计算机设备生成的逼真三维虚拟环境。使用者通过戴上特殊的头盔、数据手套等传感设备，或利用键盘、鼠标等输入设备，即可进入虚拟数字空间，实时交互、感知和操作虚拟世界中的各种对象，从而获得身临其境的感受和体会。图 1-1 和图 1-2 分别展示了使用 VR 眼镜加手柄体验文创 VR 项目的情景。

虚拟现实具有沉浸性、交互性与想象性三个特性。

1）沉浸性

沉浸性是指使用者佩戴头盔显示器、数据手套等交互设备，置身计算机创造的逼真三维立体的虚拟环境中，成为其中的一员。使用者移动头部时虚拟环境中的图像也随之发生变化，可以听到虚拟环境中的仿真声音，带给使用者身临其境的感觉。

2）交互性

虚拟现实系统中的人机交互可以通过特殊设备进行（如头盔、数据手套等传感器）。使用者通过自身的身体语言或动作，对虚拟环境中的对象进行考察或操作，如通过手柄控制，带动手拿起虚拟物体。

3）想象性

由于虚拟现实系统中装有视、听、触、动觉的传感及反应装置，因此，使

图 1-1　VR 虚拟现实体验

图 1-2　重庆文创 VR 项目——红岩魂陈列馆

用者在虚拟环境中可获得视觉、听觉、触觉、动觉等多种感知，从而达到身临其境的感受。

增强现实：增强现实是一种实时地计算摄影机影像的位置及角度并加上相应图像的技术，将真实世界信息和虚拟世界信息"无缝"集成的新技术，这种技术的目标是在屏幕上把虚拟世界套在现实世界中并进行互动，是真实世界与虚拟世界的叠加。

增强现实与虚拟现实相比，是将图像、声音、触觉和气味等按其存在形式添加到真实世界中。由此可以预见，随着增强现实这一新技术的到来，视频游戏将不再局限于屏幕中的 2D 世界，通过见、声、闻、触和听觉的增强，真实世界与计算机所生成的虚拟世界之间的界线会被进一步模糊。图 1-3 为通过手机扫描得到的古井增强现实效果。

混合现实：混合现实是由"智能硬件之父"——多伦多大学教授史蒂文·曼提出的介导现实。该技术通过在虚拟环境中引入现实场景信息，在虚拟世界、现实世界和用户之间搭起一个交互反馈的信息回路来增强用户体验的真实感。混合现实和增强现实的区别在于混合现实通过一个摄像头让用户看到裸眼都看不到的现实，增强现实叠加的是虚拟环境而不是现实本身。如图 1-4 呈现的是体验者使用混合现实眼镜体验混合现实的情景，使用手势控制眼镜中所看的的场景，并进行交互。

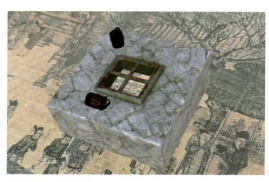

图 1-3 AR 古井

图 1-4 MR 体验

1.1.2　虚拟现实的发展历程

1）第一阶段（1963年以前）：虚拟现实思想萌芽阶段

人们通过多种方式的尝试以达到将虚幻现实真实再现，17世纪末至18世纪，现实主义艺术家以绘画的方式，将立体的三维空间真实再现，比如战争场景和更多不同主题的全景绘画，艺术家在360度环境中完成，给人以身临其境之感。

1957—1962年，莫顿·海利希发明了全传感仿真器，将其命名为Sensorama，该发明蕴涵了虚拟现实技术的思想理论基础。

2）第二阶段（1963—1972年）：虚拟现实技术出现阶段

1965年，美国计算机图形学之父伊凡·苏泽兰发表论文《终极的显示》，并于1968年研制成功了带跟踪器的头盔式立体显示器（HMD），是虚拟现实技术发展史上一个重要的里程碑。1972年，美国诺兰·布什纳尔开发出第一个交互式电子游戏"乒乓"。

3）第三阶段（1973—1989年）：虚拟现实概念的产生和理论初步形成阶段

1985年，美国计算机艺术家迈伦·克鲁格成功研发视频场域（Videoplace）系统。在产生的虚拟环境中，体验者的图像投影能够实时地影响自己的活动与计算机交互。迈伦·克鲁格领导完成场景（VIEW）系统，主要使用数据手套、头部跟踪器等工具，通过手势、语言等交互方式，形成虚拟现实系统。

4）第四阶段（1990年至今）：虚拟现实理论进一步完善和应用阶段

这一阶段虚拟现实技术由研究阶段转向应用阶段。从VPL公司开发出第一套数据传感手套到后来的MultiGen Vega、Open Scene Graph等，随着软件系统的不断完善和硬件的升级，虚拟现实技术已广泛应用到了军事、医学、航空等各个领域。

1.1.3　虚拟现实系统的分类

1）桌面虚拟现实系统

桌面虚拟现实是一种普通PC端的小型虚拟现实系统，利用个人计算机或中低端工作站模拟虚拟场景，参与者通过鼠标、数据手套、位置跟踪器等设备通过计算机设备与虚拟现实世界进行交互。特点是经济、适用、小型。不足之处在于因参与者仍然沉浸在周围的现实环境中，缺乏完全的沉浸感，但因成本较低而被广泛使用。常见的桌面虚拟现实技术包括QuickTime VR、虚拟现实建模语VRML、桌面3D虚拟现实等。

2）沉浸式虚拟现实系统

沉浸式虚拟现实系统通过头盔显示器、位置跟踪器或其他设备，使参与者的视觉、听觉、触觉等感官处于虚拟现实场景中，实现身临其境的体验感。其特点为虚拟环境是虚构的，其任何操作不会对现实世界产生直接作用。常见的沉浸式系统包括基于头盔显示器的系统、基于投影的虚拟现实系统和远程呈现系统。

3）分布式虚拟现实系统

分布式虚拟现实系统（DVR）是基于网络的虚拟环境，位于不同地理位置的多个用户通过计算机网络同时加入一个虚拟空间，通过计算机进行观察和操作，与其他用户进行交互，共同实现虚拟体验。特点为共享虚拟空间，多个用户以多种方式进行交互，资源共享。SIMNET 是目前最具代表性的分布式虚拟现实系统，用于联合军事训练。

任务二　虚拟现实产业链概述

1.2.1　虚拟现实的应用领域

随着虚拟现实技术的不断发展，虚拟现实技术被应用于军事、工业、医疗、娱乐、教育、城市仿真、科学计算可视化等多个领域。

1）在军事领域的应用

虚拟现实技术的最新成果往往被率先应用于军事训练。最初，虚拟现实模拟被用于训练飞行员，取代危险的实际操作。这是因为各种仪器和设备如同真实环境再现，可以模拟真实飞行的场景，有利于飞行员快速有效地过渡到真实的飞行场景。目前，该技术在军事中发挥着越来越重要的作用。

2）在教育中的应用

传统教育方式是通过书本上的图文以及课堂上的多媒体设备展示，使学生获取知识，是单向的信息传输。虚拟现实技术能够将复杂的实物通过三维再现的方式进行分解，学生通过使用鼠标、手柄等设备与虚拟场景进行互动。通过虚拟实验进行预测分析，不仅增加了学习的趣味性，同时也更利于学生对知识的理解。图 1-5 为教学中使用虚拟现实辅助学生身临其境感受古代场景。

3）在制造业中的应用

虚拟现实技术在制造业中具有巨大的应用潜力，该技术可以使员工随时查询和执行作业，从而减少工厂工人的雇用量，降低劳动成本。图 1-6 为某物流仓库虚拟现实，可以通过该项目感受真实物流行业的配送标准和要求。

4）在娱乐行业中的应用

　　丰富的感官能力与3D显示环境使虚拟现实成为理想的游戏工具，主要包括驾驶、格斗、情报游戏以及公共场所的各种模拟等。同时，虚拟现实提升了艺术领域的表现力，如虚拟的音乐家可以演奏不同的乐器。图1-7为密室逃脱的虚拟现实游戏场景，图1-8为家庭火灾的模拟场景。

图1-5　虚拟现实应用于教育领域

图1-6　物流仓库VR项目

图1-7　密室逃脱虚拟现实游戏

图1-8　家庭火灾VR模拟

5）在医学上的应用

虚拟现实技术对医学领域的影响越来越大，可以通过虚拟现实模拟场景，让年轻的医生在虚拟世界中进行实验，节省资源的同时使其积累医学经验。沉浸式的虚拟现实还可以减轻用户压力，缓解患者焦虑的情绪，帮助患者早日康复。随着5G技术的发展，相信未来虚拟现实技术将有更好的发展空间，人们可以轻松地在多维信息世界中漫游，体会科学的魅力。

1.2.2 虚拟现实常见硬件设备

1）虚拟现实建模设备

虚拟现实建模是利用虚拟现实技术将数字图像处理、计算机图形学、多媒体技术、传感与测量技术、仿真与人工智能等多学科融于一体，为人们建立一种逼真的、虚拟的、交互式的三维空间环境。常见的如3D扫描仪、3D打印机（图1-9）、3D摄影机设备等。

2）三维视觉显示设备

包括实时三维计算机图形技术、广角（宽视野）立体显示技术，对观察者头、眼和手的跟踪技术等。常见的有虚拟现实头显（图1-10）、大型投影系统、智能眼镜等。

3）虚拟现实声音设备

包括三维立体声和语音识别。三维声音是由计算机生成的、能由人工设定声源在空间中的三维位置的一种合成声音；虚拟现实语音识别系统让计算机具备人类的听觉功能，是人机以语言这种人类最自然的方式进行信息交换。常见的有三维的声音系统以及非传统意义的立体声，如图1-11所示。

图1-9 3D打印机

4）交互设备

包括位置追踪仪、数据手套（图 1-12）、3D 输入设备、动作捕捉设备、眼动仪（图 1-13）、力反馈设备以及其他交互设备（图 1-14）。

常见虚拟现实硬件设备分类如图 1-15 所示。

图 1-10　虚拟现实头显

图 1-11　虚拟现实声音设备

图 1-12　数据手套

图 1-13　眼动仪

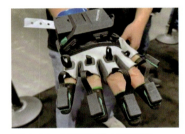

图 1-14　五指追踪电磁手套

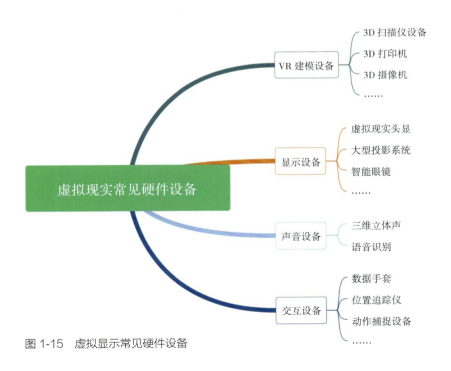

图 1-15　虚拟显示常见硬件设备

1.2.3 虚拟现实行业的市场前景

近年来，随着人工智能技术的快速发展，机器人、虚拟现实等智能产品推陈出新，市场规模持续扩大，我国也出台了不少政策支持国内虚拟现实的发展，促进产业链关键环节提升，推动虚拟现实技术在制造、教育、文化等领域的应用。随着更多的企业加大对虚拟现实的投入以及虚拟现实与前沿技术的不断融合，虚拟现实行业将高速增长。根据中国信通院数据显示，2020 年全球虚拟现实终端出货量约为 567 万台，2024 年将达到 3 375 万台，年增长率达到 56%；2020 年全球虚拟现实行业市场规模约为 620 亿元，2024 年将达到 2 400 亿元，年增长率达到 45%。

任务三 虚拟现实项目开发流程与工具

1.3.1 虚拟现实技术发展趋势

虚拟现实作为一种综合多种科学技术的计算机领域新技术，涉及众多研究和应用领域，被公认为是 21 世纪重要的发展学科以及影响人们生活的重要技术。未来的研究将遵循"低成本、高性能"原则，从软件、硬件上不断展开，不断发展成为一门成熟的科学和艺术。近年来人工智能以及大数据等科技产业的持续发展，推动虚拟现实不断演进，虚拟现实终端由单一应用向多元化应用的方向演变，未来虚拟现实或将推动生物、医疗、社会、商业、军事等多个领域的高速发展。

1.3.2 虚拟现实项目开发流程

通过对项目的前期调研，分析各个模块的功能。在具体开发过程中，虚拟场景中的模型和纹理贴图都是来源于真实场景，事先通过摄像采集材质纹理贴图和真实场景的平面模型，通过 Photoshop 和 Maya（或者 3ds Max）来处理纹理和构建真实场景的三维模型，然后导入 Unity 3D 构建虚拟平台，在 Unity 3D 平台通过音效、图形界面、插件、灯光设置渲染、编写交互代码，后发布设置，如图 1-16 所示。

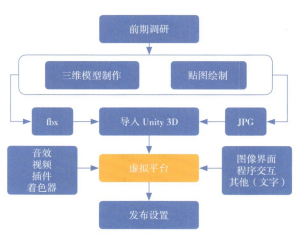

图 1-16　虚拟显示开发流程图

1.3.3　虚拟现实建模工具

随着现在 3D 技术的发展，虚拟现实技术也逐渐趋于成熟，三维建模师逐渐成为一种新兴的热门职业，被更多的年轻人所热爱。目前，虚拟现实行业常见的三维软件包括 3ds Max、Maya、Softimage 3D 和 Maxon Cinema 4D 等。同时，也需要掌握次世代建模技术。

模块二｜虚拟现实项目
开发模型规范

任务一　虚拟现实模型命名规范

2.1.1　物件命名规则和规范

项目资源管理方式是基于场景资源管理的方式。这种管理方式可以有效地明确物件的位置和类型，容易控制单个项目包体的大小。

1）项目命名

使用下画线命名：项目名称缩写 + 下画线（ _ ）+ 场景名称缩写（也可按照区域、建筑进行区分）。

物件命名中严禁出现空格或其他符号，不能一个物件用好几种命名，命名案例如下：

项目 _ 学校　　　　　　　　　　　　命名：Xm_xx；

项目 _ 学校 _ 食堂　　　　　　　　　命名：Xm_xx_st；

2）模型命名

模型命名规范：项目名称缩写 + 下画线（ _ ）+ 场景名称缩写 + 下画线（ _ ）+ 模型名称。参考如下，此类方法方便查找具体项目和道具及道具编号。

项目 _ 学校 _ 食堂 _ 餐桌　　　　　命名：Xm_xx_st_cz；

项目 _ 学校 _ 食堂 _ 椅子　　　　　命名：Xm_xx_st_yz；

项目 _ 学校 _ 食堂 _ 椅子 01　　　命名：Xm_xx_st_yz01；

3）通用物件

命名规则为"项目名 _ 物件类型 _ 编号"。例如，通用岩石可以命名为：项目名 _stone_01。

通用模型类型表格参考表 2-1。

表 2-1　通用模型类型描述

类型名称	命　名	描　　述
建　筑	building	项目中所有的建筑类型物体
地　表	terrain	地表贴图
道　具	item	项目中的道具物件，一般体积较小。如路灯等
岩　石	stone	岩石、山体、石头
植　物	plant	树、灌木等植物

续表

类型名称	命　名	描　述
细节物体	detail	低于角色一半比例的细节物体，包括花草、小石子、花瓣等一切可铺地表上的细节物体
贴　片	decal	地表用作透贴的贴片
远景贴片	patch	充当中远景作假造景的面片
动画模型	ani	带骨骼动画的模型
碰撞模型	col	碰撞物体

2.1.2　贴图文件命名

贴图命名规范：项目名称缩写 + 下画线（＿）+ 场景名称缩写 + 下画线（＿）+ 模型名称 + 下画线（＿）+D、N、S（颜色贴图、法线贴图、高光贴图）。

例：Xm_xx_st_cz_D；

如：项目 _ 学校 _ 食堂 _ 餐桌

颜色贴图 Xm_xx_st_cz_D；

高光贴图 Xm_xx_st_cz_S；

法线贴图 Xm_xx_st_cz_N；

任务二　虚拟现实模型制作规范

2.2.1　模型制作规范

①模型坐标原点归零，单体模型坐标原点应在模型的底面中心点位置，不规则模型需要将坐标原点归零，参考图 2-1。

图 2-1　坐标规范

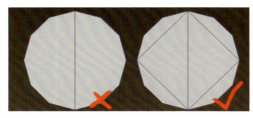

图 2-2　面参考

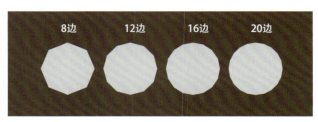

图 2-3　圆柱体规范

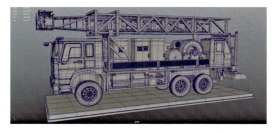

图 2-4　面数过多

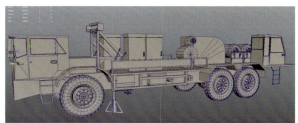

图 2-5　可以被接受的面数

②项目地表水平面应处于 0 点位置，参考图 2-1。

③模型 Z 轴向上，参考图 2-1。

④模型制作期间，不要有废点、废面、重面、破面、五边面，参考图 2-2。

⑤模型圆柱体应以 8、12、16、20 条边等 4 的倍数增加为主，不要出现边数量为单数的情况，具体数量可根据实际项目为主，参考图 2-3。

⑥模型布线必须合理，每个点、线、边都要有存在的意义。不建议把模型的所有结构制作成一体，这样会导致部分结构增加模型面数。可用组合方式，并允许使用模型穿插进行制作，要避免模型重叠，出现模型闪面；需要区分法线贴图和用线来表现的模型结构，结构比较明显的部位最好用布线进行表现，对非主要部位并且结构复杂且较小结构的部件应使用法线贴图（normal map）进行表现。

⑦网上下载或其他资源的模型，需要进行面数处理，如图 2-4 的面数太多，需要减少面数，正确做法参考图 2-5。

⑧模型底部面，无法看到时根据漫游视角，可以进行删除处理来降低模型面数。

⑨模型制作期间需注意光滑组，区分软硬边。

2.2.2　模型比例和结构

制作模型时，应导入标准角色模型作为参考，高度还原原画，模型比例要真实合理，模型结构要参考真实世界物件的结构来制作。尤其要注意与角色可能产生关系的区域的比例（特别注重楼梯、大门、窗户、栏杆等部分的比例）。

1）地面

地面模型比较特殊，一般都属于项目中的可行走区域，制作地面模型时，避免做过于凹凸的结构，一般使用法线贴图表现结构或只做一些轻微的起伏结构。

2）模型外轮廓

模型的外轮廓造型非常重要，轮廓造型一定要有节奏的变化。确保从各个角度看，模型轮廓都是造型饱满、有丰富变化的，避免出现大直线或者没有节奏变化均匀的剪影。

3）模型面数控制和分配

模型面数要合理分配，不要将面数集中在小结构上，优先表现模型的外轮廓造型和大结构的参差。

制作模型时，要考虑模型和法线贴图相结合的制作方式，一般平面结构使用法线贴图表现，大面积受光的平面结构可适当做出参差不平的突出结构（如大面积平铺的墙壁）。

一些模型需要丰富的剪影变化，但是，面数需要过多地考虑使用透贴表现，如绳子网、树枝末端。

4）模型布线

模型布线要均匀、合理，一般应按照物件结构走势布线。严禁出现多于四边的面，尽量避免狭长的三角面，尽量归纳和概括物件的结构和轮廓。

5）正确设置模型光滑组

根据模型的特点和结构，正确合理地设置模型光滑组。低模上严禁出现显示错误的光滑组设置。

6）剪影的重要性

造型类似但材质不一样的物体单靠剪影就可以作出一定的区分，所以好的剪影能提高物体的识别度和丰富程度。

即便是两个材质组合的一个物体，也应有丰富的剪影，这就是丰富材质感。

2.2.3 高模制作注意事项

1）外轮廓和体块结构

高模需要进入 ZBrush 制作，着重表现物体的外轮廓造型和体块结构，高模上不需要制作过多细小的噪点细节，只需少量点缀突出物体材质特性即可，如石头上的小孔、破损断面的材质肌理等。过于细碎的基础肌理，不需要在高模上体现，之后贴图阶段使用材质球表现即可。石材的少量点缀细节坑洞，还有掉皮、破损、结构断裂这些明显细节需要法线表现的地方在 ZBrush 中体现，青苔表面的肌理和岩石表面的基础肌理，使用贴图展现即可。

2）倒角

高模倒角要做得饱满一些，不能全做得过于细小，否则高模的体感会比较弱，烘焙出的法线贴图上效果也会不够明显，也不能全是一样的大倒角，会让模型显得偏卡通化，写实程度下降，因此需要粗细结合。大块结构倒角明显，破损倒角和一些需要尖锐刻画的细节倒角（如金属），不要再给过大的倒角，而是需要细节清晰（有必要还可以进行高模细节刻画），这样可以有明显的节奏变化和视觉对比，"粗中有细"，突出物件的精细程度和写实感。

注意部分过大而且过长的倒角边，建议结合破损进行细节刻画，避免倒角过多过大给视觉带来的单调感。

特殊的年代感磨边倒角的处理，对于年代久远、风化严重的一些需要老旧表现的风格化物件的倒角，需要结合磨白、污渍等进行二次处理，而不是一味使用倒角来表现边缘。

3）内凹角不利于烘焙

高模上尽量不要出现洞眼和锐利的内凹角，这会给后期的低模制作和烘焙带来巨大的麻烦，并且会耗费不必要的模型面数，造型上也不美观。

4）结构衔接合理

制作高模时，要特别注意结构衔接处，衔接结构一定要合理、自然。不可以生硬穿插，只要有贴图空间可以表现的，必须表现出衔接，无论是正向凹陷衔接还是反向倒角表现衔接，都需要体现出结构。

5）破损和断面

一切掉皮类破损（有内部材质）和断面都要有结构和内容，表现出不同材质应有的质地，杜绝模糊和平铺四方连续破损贴图搪塞（除非涉及巨大量的共用时再具体分析）。

6）疏密和层次

高模的疏密关系和层次关系也非常重要，一定要有明确的层次关系。元素的大小、疏密、高低层次的节奏变化，都要综合考虑。

任务三 模型 UV 制作规范

1）最大化利用UV空间

  UV 分布合理，避免拉伸，尽量占满整个 UV 空间，保证 UV 的最大化利用。空出 0.1 象限的 UV 用于烘焙，不要有重叠的 UV Shell，可以把重叠的 UV Shell 平移一个单位至 0.1 象限外。UV 在不拉伸的情况下，以最大的像素来显示贴图。UV 共用材质应放在同一贴图位置上。

2）合理选择UV的缝合线

  UV 的缝合线要选择合理的位置，注意接缝位置尽量在模型边缘处、模型交叉处，或尽量将 UV 缝合线隐藏在结构的凹陷处，禁止在明显的边缘出现倒角接缝。

3）使用特定的棋盘格贴图检查UV

  整体项目的棋盘格的像素需要把控而且精度大小需保持一致。

  不要使用 3ds Max 自带的棋盘格检查 UV，检查用的棋盘格上最好带有字母或数字，这样可以检查 UV 是否翻转或者镜像。检查 UV 时，可以将 UV Checker map 的 Tile 值改大一些，方便检查 UV 的拉伸情况，参考图 2-6。

4）UV和法线贴图

  UV 和法线贴图有一定的关联性，当模型的边被设置为硬边后，这条边的 UV 就必须被断开，否则，贴上 normal map 后会出现一条明显的黑线。

5）控制UV Shell的数量

  尽量减少 UV Shell 的数量，越多的 UV Shell 数量意味着浪费的空间就越大，

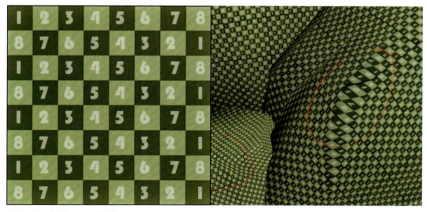

图 2-6 检查 UV 拉伸

UV 缝合线也就越多，不利于贴图绘制，模型上也容易产生接缝。UV Shell 的摆放要符合一定的逻辑关系，位置相近的模型面的 UV Shell 应该摆放在一起。机械类型物体的 UV 把边缘拉平。

6）UV Shell 间隔

保持一定的 UV Shell 间隔非常重要，这可以有效地防止像素溢出的情况。UV Shell 间隔的大小要依据贴图的大小来定，参考表 2-2。（为烘焙 normal map 断开的 UV Shell 不需要遵照这个规则）

表 2-2　UV Shell 间隔规则

贴图尺寸	UV Shell 间隔（注意，这里指是 UV 间距）
256×256	2～4 个像素
512×512	4 个像素
1 024×1 024	4～8 个像素
2 048×2 048	8～16 个像素

7）重叠的 UV Shell 不可以焊在一起

注意不要将重叠的 UV Shell 的点焊接在一起。

8）像素密度

为了保证项目中贴图精度统一，需要设定一个像素密度标准，指每个单位长度中有多少个贴图像素。离镜头远的地方贴图精度可以适当降低，但是，误差最好保持在 20% 左右。在制作 UV 的时候，要测量一下像素密度，统一标准。（一些远景物件不需要准照这个标准，一些体型巨大的物件则需要使用特别方法制作。）

一个简单的检查 UV 密度的方法：制作一个和角色等高的两米的 Box，贴上一张 256 像素 ×256 像素尺寸的棋盘格，之后就可以使用这个 Box 作为标准进行贴图精度的检查了。

模型 UV 的精度统一，参考图 2-7：

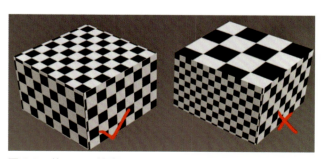

图 2-7　统一 UV 精度

9）注意UV的使用率和一些常见错误

提高 UV 复用率，合理共用 UV，减少模型上的 UV 浪费等。需要展开 2U 的模型，2U 需要全部展开，不能有重叠部分。

早期 UV 是以法线烘焙软硬边、贴图精度、UV 利用率为审核标准。

近期提升增加的重点在 UV 复用率（提高精度），UV 摆放区域（便于后期修改和减少 UV 之间溢色），UV 叠加使用（减少模型面数并提高 UV 使用率）。

任务四　模型贴图制作规范

1. 贴图需提交：颜色贴图、粗糙度贴图、金属度贴图、法线贴图、AO（Ambient occlusion）贴图。

2. 交互模型、特写道具模型、脚本里涉及的模型必须有上述贴图。其他远景模型和背景模型可以选择去掉法线贴图、粗糙度贴图和金属度贴图。

3. 贴图以像素为单位，尺寸为 2 的 n 次方，常用尺寸为：128×128、256×256、512×512、1 024 × 1 024（单位：像素）。贴图大小以 512、1 024 像素这两种为基本大小，具体按照实际项目大小决定。贴图需放大一倍进行制作，在导出贴图时，压缩为需要的尺寸。

如正常 1.80 米的角色贴图大小为 1 024 像素，两个特写道具贴图大小以512 像素为标准。

4. 所有提交的贴图以 jpg 格式为主（除透明贴图使用 png 格式），其他格式拒收。

5. 制作贴图时，要注意分析材质和环境，不要直接吸取原画或气氛图上的颜色，而是要还原材质的真实状态。颜色贴图的颜色要中性一点，饱和度需要严格控制，物件表现需要和谐自然，否则，真实度会降低。

任务五　碰撞模型制作规范

1. 碰撞模型为引擎提供物理信息。

2. 碰撞模型要尽量精简、概括、贴合模型本身。

3. 尽量将碰撞模型制作成密闭的模型。

4. 树的碰撞模型只需要制作树的主体枝干部分，小灌木和花草不需要制作碰撞模型。

5. 楼梯的碰撞模型应制作成一个斜面，否则容易阻挡角色或造成相机无法移位。

6. 注意：

高于膝盖（0.5 米）但是低于 5 米的模型的碰撞无论物件本身高度多少，需要做到至少 5 米高，以避免直接行走到物件上。

高度为膝盖（0.5 米）以下的普通物件不用制作碰撞。

高度为膝盖（0.5 米）以下的可击碎物件需要制作碰撞（要求一致，碰撞需要 5 米高）。

任务六　VR 材质参考标杆

2.6.1　金属类参考

黑铁，黑铁的肌理应体现出金属感，由于材质低廉，呈现比较粗犷原始的风格，衔接处配合铁锈脏迹让其不会整体都非常光亮反光，有对比才能体现金属感。

黄金，整体金属光泽较为强烈，它比其他金属偏软，倒角不会非常尖锐，也不会出现过大的倒角，显得不精致。表面受敲击产生的肌理较少，非顶级的黄金，表面有些许冶炼的气泡孔洞。在制作材质时，配合一些氧化的地方降低金属光泽，产生对比。高级的黄金表面光泽，基本上没有多余的孔洞肌理。

黄铜，表面多生有铜绿，是比较明显的特征，由于不是高级金属，所以使用的地方基本都存在脏迹（水渍）铜锈，整体偏脏旧。有些地方会出现较大的倒角显示其偏软的特性。

2.6.2　木质材质参考

木质模型应做到近看有纹路细节，远看有开裂的剪影变化，有青苔的合理点缀。木头颜色变化主要靠色彩饱和度变化来控制。

2.6.3　常规人造石材材质参考

因为是人为处理过的石材，石头模型表面原始肌理较少，在室内环境下，破损和边缘风化情况不会过于严重。应当慎用大倒角和圆滑的倒角，大部分倒角应该偏于锐利。脏渍和流渍是较好的表现元素，但要注意结构处夹缝中的灰尘尘土的安排，避免过度使用尘土和污渍来增加细节而使整体变得繁琐。石头表面的破损和裂痕不需要太多，只要自然真实即可。由于石头表面经过人工处理，不会有过大的起伏结构，只会存在一些基本肌理或者经过打磨后的剖面纹理。通过对个别显眼处的破损细节突出进行刻画，可以给玩家一种这个模型精度极高的假象。

2.6.4　破旧人造石材材质参考

处于野外的石材会受到风吹雨淋的影响，导致流渍很重，结构边缘也会因为风吹、日晒、雨淋而出现磨白。为了表现模型真实程度，可以在结构顶面刻画一些白色鸟粪的痕迹。使用流渍、脏渍和磨白等效果时，必须合理并符合逻辑，不能乱加破坏整体效果。同时，在使用青苔效果时也要格外小心，避免出现高饱和度的厚青苔。通常这些材质的青苔都是经过长年累月的积累形成的，已经影响石材的质感了，因此需要明确区分新生长的青苔和已经影响石头内部的青苔。

2.6.5　遗迹类参考

遗迹类建模与破旧人造石材有些许相似之处，但是，它们的基础构成部分区别较大，遗迹类的构成材质多为较为原始的处理方式，不会像新建筑一样有较为精密的建造工艺，构成的材质多为粗糙处理的石块，所以表面肌理较为原始粗犷。

2.6.6　砖墙类参考

砖墙分为较为古老的遗迹墙和现代人工建筑的石灰泥墙。泥墙的表现难点是脱落处的结构表现和合理的虚实变化。遗迹墙大部分都会有青苔进行点缀，注意不要覆盖了其原本砖头间的结构肌理。

2.6.7　石头参考

石头分为有青苔和无青苔的石头两种。主要是要抓住石头本身的块面感和肌理特征来表现。青苔、沙尘都可以点缀和烘托氛围效果，注意切勿喧宾夺主，要和石头的结构配合好，避免生硬结合。该堆积出体积感的地方，需在高模上雕刻出来。石头本身的属性要判断清楚，要判断石头是处于湿润的雨林当中，还是处于干燥的沙漠当中，抑或是山岩峭壁之中。

2.6.8 树皮类参考

树皮的表现要做到归纳和特征表现。树皮肌理的表现要把握重点，把条纹、掉皮等重点想让玩家看到的细节刻画清楚，刻画应结合枝干本身的走势来强化树的张力和自然感。枝干的表现需要有力度，其粗细变化符合自然规律，转折处理需要软硬结合。

任务七 模型递交规范

准备递交的模型请仔细检查，确保递交资源符合规范。

检查内容包括：

1. 文件命名。

2. 贴图命名。

3. 模型单位设置。

4. 模型坐标。

5. 模型尺寸和比例。

6. 贴图路径。

2.7.1 3ds Max 文件检查规范

1. 模型命名需和提供的源文件命名一致。

2. 3ds Max 文件内必须包括碰撞，命名规则参考模型命名规范。

3. 3ds Max 里显示单位为米（meter）。

4. 检查模型是否有多余的 ID，ID 号要按顺序排列。

5. UV 和 2U 必须放入 UV 框内。

6. 用棋盘格检查像素是否拉伸。

7. 检查是否有悬空的点、线、面。

8. 检查法线是否正确。

9. 检查光滑组，光滑组编号需要按顺序排列。

10. 有部分模型需要切消隐（即挡住视线的模型需要切消隐）。

2.7.2　最终提交文件夹

图 2-8 文件夹命名都是小写分别对应：

max 文件夹：存放 3ds Max 或者 Maya 源文件。

ref 文件夹：存放原画。

screenshot 文件夹：存放截图。

sp 文件夹：存放 Substance Painter 文件。

tex 文件夹：存放贴图文件。

ztl 文件夹：存放 ZBrush 文件。

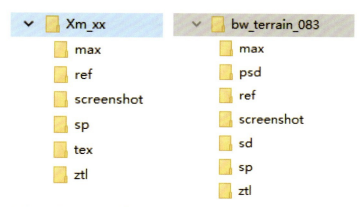

图 2-8　提交文件夹效果

模块三｜传统手绘贴图 流程案例详解

任务一　卡通单体建筑模型制作

中国地大物博，建筑艺术源远流长。不同地域的建筑艺术风格各有差异，但其传统建筑的组群布局、空间结构、建筑材料及装饰艺术等方面却有着共同的特点，区别于西方，享誉全球。中国古代建筑的类型很多，主要有宫殿、坛庙、寺观、佛塔、民居和园林等，强调天人合一、以人为本的建筑设计理念。

中国传统建筑是由线构成的。柱、梁、额、桁、枋、椽、拱等，在宏观上都可视作线，这些线的交织网罗就构成建筑。中国传统建筑普遍具有难得的本色美，建筑的这些线型构件在满足结构和功能本身要求的同时，也兼具装饰作用。

中国建筑，具有悠久的历史传统和光辉的成就。从陕西半坡遗址发掘的方形及圆形浅穴式房屋发展到现在，已有六七千年的历史。长城修建在崇山峻岭上，蜿蜒万里，是人类建筑史上的奇迹；建于隋代的河北赵县安济桥，是科学技术同艺术的完美结合，走在世界桥梁科学的前列；山西应县佛宫寺木塔高达67.31米，是世界现存最高的木结构建筑；北京明、清两代的故宫是世界上现存规模最大、保存完整的建筑群；古典园林具有独特的艺术风格，是中国文化遗产中的一颗明珠。这些现存建筑在世界建筑史上自成系统，独树一帜，是中国古代灿烂文化的重要组成部分。它们不仅仅是一部部石刻的史书，也是一种可供人观赏的艺术，给人以美的享受。

在中国，很多古镇以及大城市还保留着一些古建筑。在现在，我们要用发展的眼光来看待以及保护古代建筑及其蕴含的文化特质；做到既让古代建筑文化保存于世，也让古代文化遗产产生现代价值。

虽然一些古代建筑离现在很遥远，但其中的文化依然值得学习借鉴，建筑文化是中国传统文化的一部分，我们不仅要发展现代建筑，更要吸收古建筑中的营养，走出中国特色建筑之路，使中国古建文化得以传承和延续。本案例以制作一个卡通风格的中国古代建筑为例，使用 3ds Max 制作古建模型，并使用 Photoshop 绘制贴图，使模型呈现出中国古代建筑之美。

3.1.1　卡通单体建筑基础模型创建

1）参照图分析

　　卡通建筑主要分为三个部分：房子、台基和地面。在对参照图结构进行分析后，发现地面和台基部分可以直接使用长方体进行制作，建筑主体部分由圆柱体、长方体变形后调整即可得到，建筑上的造型结构可以使用样条线或者基本体变形来制作。制作时需要多思考、多观察，寻找规律。

　　该建筑为歇山式屋顶，其特点是有一条正脊、四条垂脊和四条戗脊。歇山式屋顶得名于两侧山墙处，山墙是由正脊处向下垂直一线。歇山式屋顶的正脊比两端山墙之间的距离要短，因此在上部的正脊和两条垂脊间形成一个三角形的垂直区域，称为"山花"。在山花下是梯形的屋面将正脊两端的屋顶覆盖，参考图 3-1。

2）创建台基

　　在我国古代建筑台基中，有大型建筑中所使用的须弥座式台基，也有普通砖石台基。本案例中是一座普通建筑的台基，比较方正，这种普通台基一般也没有雕饰。组成构件有踏跺、阶条石、金边等，下面逐步完成台基模型制作。

　　首先，创建平面，以平面贴图的方式导入参考图，作为建模的参考，如图 3-2 所示。

图 3-1　卡通单体建筑参照图

调整参考图贴图大小，在前视图中保留参考图正面的效果，如图 3-3 所示。复制两个平面，将其旋转 90°，分别保留参考图左侧效果和右侧效果，形成完整的建模参考，如图 3-4 所示。

使用 box 工具，在视图中绘制一个长方体。将长方形转换为可编辑多边形，调整顶点位置，用于确定模型的大小，如图 3-5 所示。

图 3-2　设置参考图

图 3-3　保留正面参考图

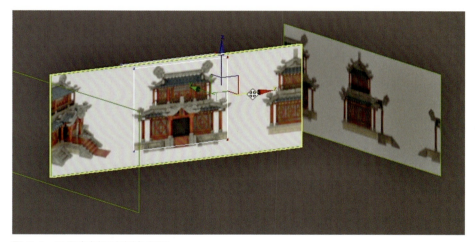

图 3-4　设置左侧和右侧参考图

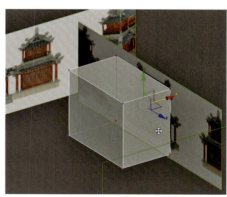

图 3-5　定位模型大小

调整长方体大小，使其与基座部分匹配，如图 3-6 所示。

参考侧视图效果，增加模型分段数，并对阶梯的部分进行挤出操作，如图 3-7 所示。

将模型内部的线条移除，选择顶面和底面，重新进行布线操作，向内挤压一定距离，如图 3-8 所示。

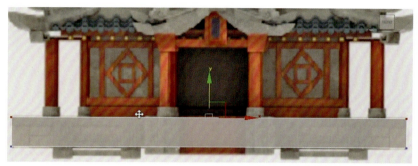

图 3-6　制作基座

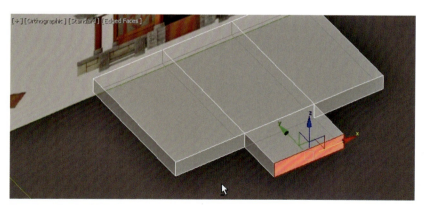

图 3-7　挤出阶梯结构

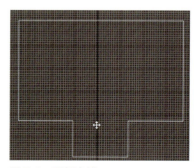

图 3-8　重新布线

调整模型结构细节部分，完成底座部分，如图3-9所示。

选择竖向线段加线，分离出阶条石部分并加壳处理，便于后期设置不同的材质效果，如图3-10所示。

创建box模型，根据参照图制作出房屋底座边缘。同时用"样条线"命令框选出楼梯侧面的形状，使用"修改器列表"中的"壳"命令增加体积，如图3-11所示。

给予两个部分不同的颜色或材质球做区分，如图3-12所示。

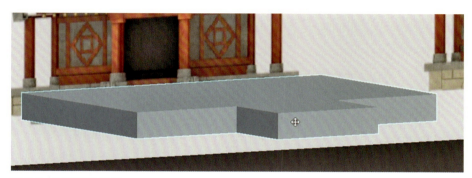

图3-9 基座部分效果

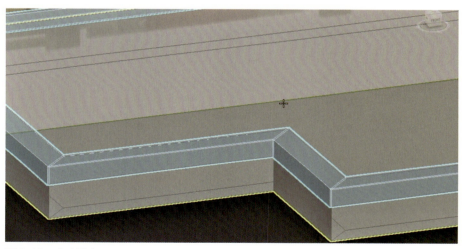

图3-10 分离阶条石

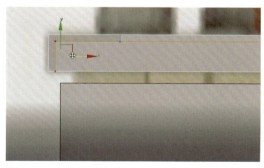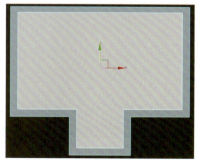

图3-11 制作底座边缘

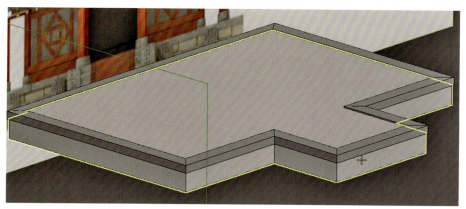

图 3-12 设置不同材质

3）左右阶制作

在宫殿、庙宇或高级大宅等重要建筑的前方，其台阶分为左、中、右三列，中间一列是不能行走的，一般多是在其表面施以雕刻等作为装饰。左右两侧的台阶是可以行走的通道，被称为"左右阶"。周代时，左右两阶的使用还有一定的礼仪规矩：左阶是主人行走，右阶是客人行走。这种礼仪制度在汉代时也极为盛行。不过，宋代后便逐渐消失了。

分析参考图，模型中使用的即为左右阶，合计有 3 个楼梯部分，但位置和大小略有不同，其中两侧的部分可以通过同一个楼梯复制得到，中间楼梯比两边略大。

使用平面工具，根据参考图绘制一个平面，将其转化为可编辑多边形，通过对边进行挤出，得到一半与基座凸出部分对齐的结构，另一半通过添加对称命令得到，如图 3-13 所示。

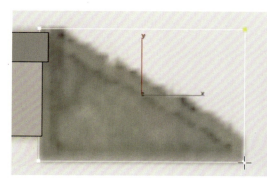 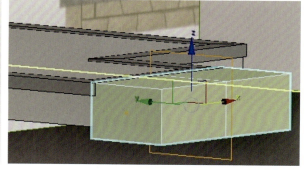

图 3-13 对照参考图绘制楼梯

对照参考图调整坡度，如图 3-14 所示。

增加分段，调整顶点位置，使其与参考图匹配，如图 3-15 所示。

调整右侧顶点位置，以制作阶梯边缘，如图 3-16 所示。

绘制第一个阶条石，可以使用平面绘图，也可以使用长方体绘制，如图 3-17 所示。

按 Shift 键并拖动鼠标，将阶条石复制两份，对比参考图调整所在位置，如图 3-18 所示。

图 3-14　对照参考图调整坡度

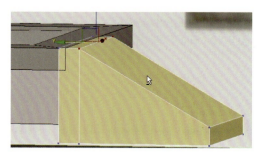

图 3-15　调整顶点位置

图 3-16　制作阶梯边缘

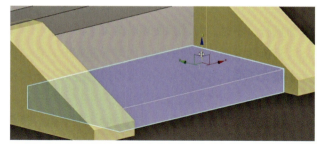

图 3-17　制作第一个阶条石

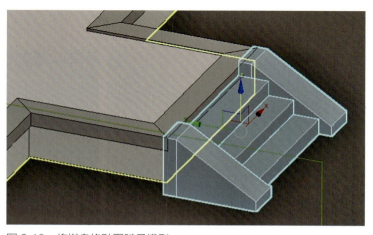

图 3-18　将棋盘格贴图赋予模型

　　将楼梯整体进行复制和调整，放到左右两边，完成两侧楼梯制作，如图 3-19 所示。

　　至此，台基部分制作完成，如图 3-20 所示。

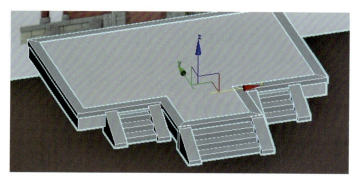

图 3-19　完成楼梯制作

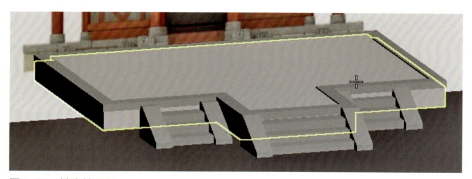

图 3-20　基座效果图

4）柱建模

　　柱是建筑物中用来承托建筑物上部重量的直立的杆体，俗称"柱子"。柱子和其他大部分建筑构件一样，有丰富的品类和发展过程。

　　根据柱子在建筑中的位置，可分为檐柱、金柱、中柱、童柱、瓜柱、角柱、廊柱等；而根据柱子的截面形状来看，则有圆柱、方柱、六角柱、八角柱等不同形状；根据柱子所用的材料来分，有木柱、石柱等之别；根据装饰来看，又有雕龙柱、油漆柱、素面无饰柱等。此外，柱子在使用时有单独直立的，也有两柱紧贴而立的。

　　建筑物檐下最外一列支撑屋檐的柱子，叫作"檐柱"，也叫"外柱"，在建筑物的前后檐下都有。

除了处于建筑物中轴线上的柱子，建筑物檐柱以内的其他柱子均称为"金柱"。小型建筑一般只前后各有一列金柱，或者没有金柱；而较大的建筑则通常有数列金柱，大多是前后各有两列，其中距离檐柱较远的被称作"外金柱"，较近的被称作"里金柱"。

在本案例中使用的是圆柱，由柱础和柱体构成，且包含檐柱和重檐金柱。其中第一层檐柱 8 根，金柱 8 根；第二层檐柱 8 根，金柱 8 根。

首先，制作檐柱。对照参考图柱的部分，绘制圆，如图 3-21 所示。

对比参考图挤出一定高度，即可得到柱础，如图 3-22 所示。

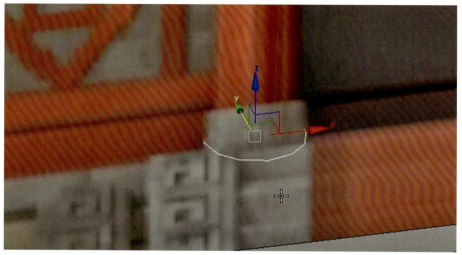

图 3-21 绘制圆

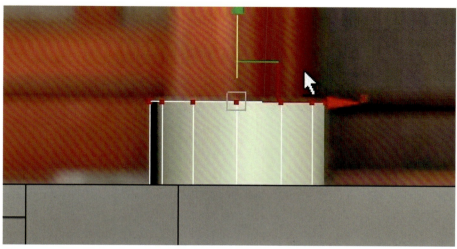

图 3-22 挤出高度得到柱础

将柱础复制一份,并对比参考图正视图和左视图调整大小和高度得到柱体,如图 3-23 所示。

对比左侧参考图,逐一复制和调整柱,摆放到对应位置,合计 4 根檐柱、4 根金柱,如图 3-24 所示。

将左侧柱子部分附加到一起,镜像一份得到右侧柱子,效果如图 3-25 所示。

对比正视图和左视图参考图,绘制第二层底面平面一半的结构,并"挤出"阁楼厚度,如图 3-26 所示。

对称出右侧部分,如图 3-27 所示。

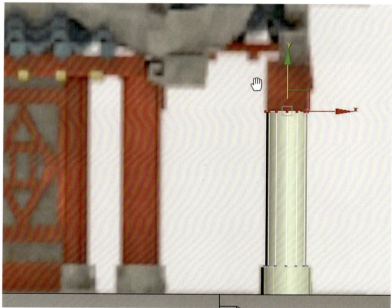

图 3-23　制作柱体

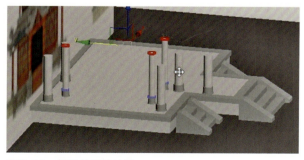

图 3-24　复制并摆放柱子

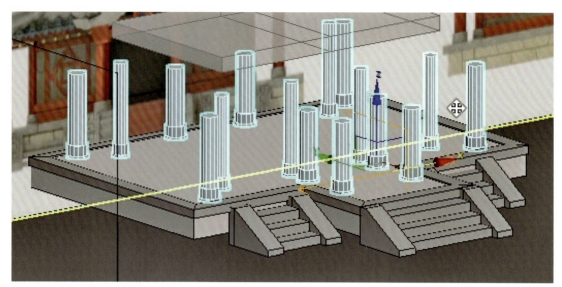

图 3-25　第一层柱子效果

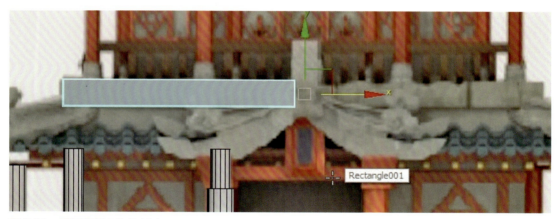

图 3-26　展开建筑主体的 UV

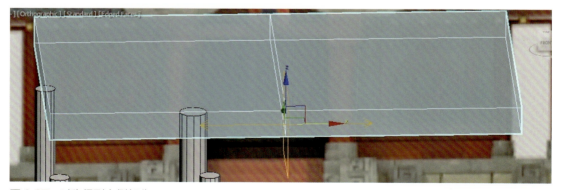

图 3-27　对称得到右侧部分

平盘斗是斗的一种，多用在角科斗拱中，一般没有斗耳，用来承托两个方向的拱或宝瓶。使用平面工具，对比参考图，调整顶点位置即可得到，如图 3-28 所示。

将坐标轴放到模型中心，对称得到右侧的平盘斗，效果如图 3-29 所示。

枋是置于柱间或柱顶的横木，一般是指置于檐柱与檐柱，或是金柱与金柱，或是脊柱与脊柱之间的横木。枋方向与建筑的正立面方向一致，因位置的不同，主要分为额枋、金枋、脊枋等。

使用长方体工具或平面工具，在门口金柱之间绘制形状，将其转化为可编辑多边形后进行调整，如图 3-30 所示。

将第一层的金柱和檐柱进行复制，对比参考图调整大小和位置，得到第二层的金柱和檐柱效果，如图 3-31 所示。

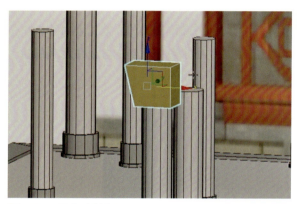

图 3-28　平盘斗制作

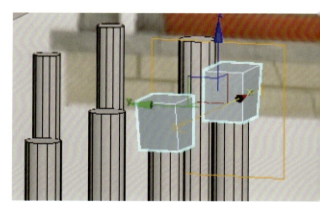

图 3-29　对称得到右侧平盘斗

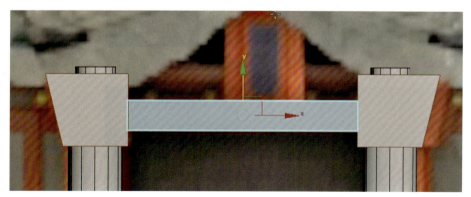

图 3-30　制作枋

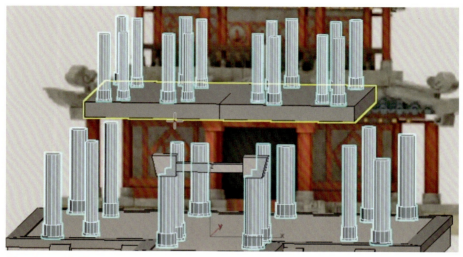

图 3-31　第二层柱效果

5）建筑主体结构制作

使用长方体工具或矩形工具在左侧金柱之间绘制形状，对比参考图调整位置和大小，得到如图 3-32 所示的下金枋（金枋是位于金柱与金柱之间的枋，有上、中、下之别，即上金枋、中金枋、下金枋）。

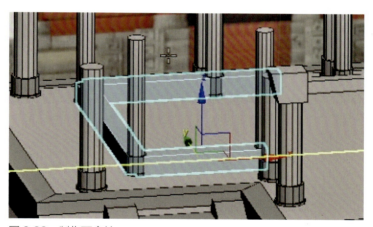

图 3-32　制作下金枋

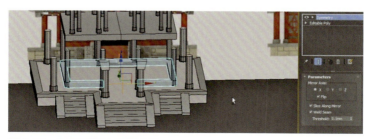

图 3-33　对称得到右侧下金枋

　　使用"对称"命令，得到另外一半的下金枋，效果如图 3-33 所示。

　　按 Shift 键并向上移动鼠标复制正面的下金枋，对比参考图调整厚度，如图 3-34 所示。

　　再次向上复制一份长方体，对照参考图调整其高度和厚度，如图 3-35 所示。

　　将下金枋向上复制一份，移动到参考图上金枋位置，调整其大小和位置，如图 3-36 所示。

　　将长方体反复进行复制，对比参考图调整其大小和位置，制作中间的窗格部分，如图 3-37 所示。

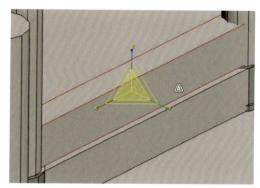

图 3-34　调整厚度

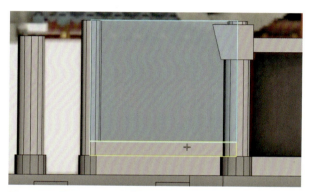

图 3-35　复制长方体并调整

图 3-36　制作上金枋

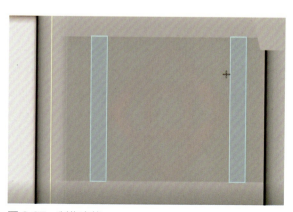

图 3-37　制作窗格

绘制矩形，根据参考图窗格样式进行切线，删掉多余的面，得到中间的菱形效果，如图 3-38 所示。

选择菱形所在多边形，使用"插入"命令，得到窗花的结构，删除中间多余的面，如图 3-39 所示。

使用"挤出"命令，挤出窗花厚度，注意不能超过上下金枋的厚度，如图 3-40 所示。

继续制作中间的长方形窗格，参照菱形窗格制作方法，完成制作，如图 3-41 所示。

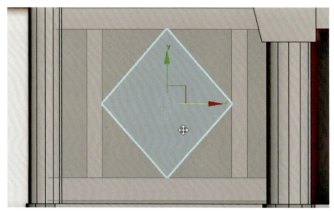

图 3-38　制作窗格菱形区域

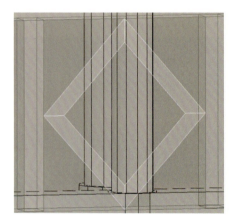

图 3-39　得到菱形窗花结构

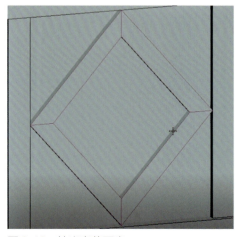

图 3-40　挤出窗花厚度

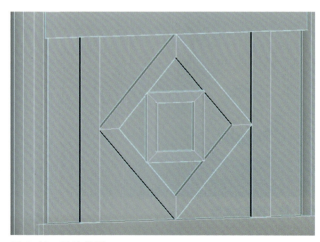

图 3-41　最终效果

按照同样的方法制作左侧墙面，反复对照参考图进行调整，如图 3-42 所示。

后方的墙面可以参考左侧进行处理，也可以直接绘制一个长方体，调整其大小和高度。将窗格部分复制过去，并对位置进行调整，一楼的雏形基本搭建完毕，如图 3-43 所示。

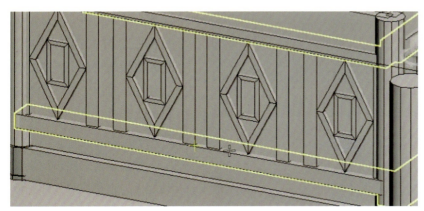

图 3-42　左侧墙面制作

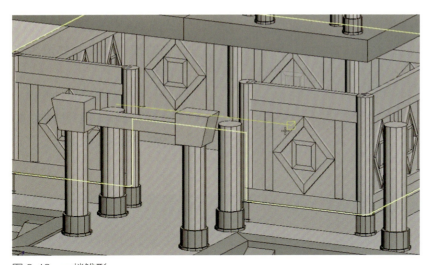

图 3-43　一楼雏形

6）梁建模

"梁"是中国建筑构架中最重要的构件之一。它是一段横断面大多呈矩形的横木，承托着建筑物上部构架中的构件及屋面的全部重量，是建筑上部构架中最重要的部分。依据在建筑构架中的具体位置、详细形状、具体作用等的不同，梁有不同的名称，如七架梁、六架梁、太平梁等。大多数梁的方向都与建筑物的横断面一致。

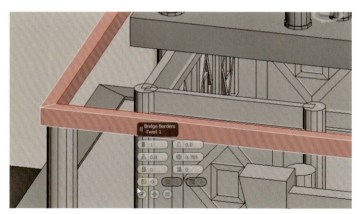

图 3-44 梁制作

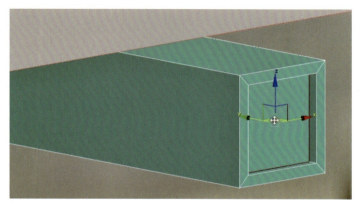

图 3-45 脊枋制作

在梁的下面，主要支撑物是柱子。在较大型的建筑物中，梁是放在斗拱上的，斗拱下面才是柱子；而在较小型的建筑物中，梁是直接放在柱头上的，在本案例中，梁是直接放在柱头上的，可以使用长方体工具制作梁的部分，如图 3-44 所示。

7）脊枋建模

脊枋是清式建筑构架名称之一，也是枋的一种，是枋中位置最高的，处在建筑物的屋脊位置，与脊檩构成建筑的屋脊骨架。要注意枋上的细节结构，如图 3-45 所示。

对照参考图复制脊枋，使其和参考图脊枋的位置匹配，如图 3-46 所示。

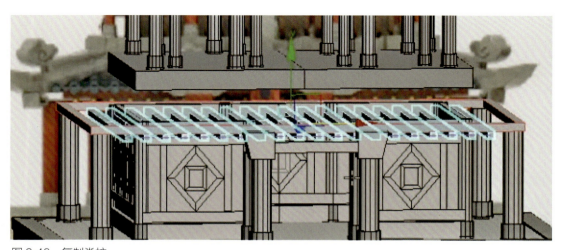

图 3-46 复制脊枋

切换到左侧面，复制一根脊枋，对照参考图调整大小和位置，摆放到合适的位置，如图3-47所示。

将这个脊枋复制12份，对照参考图一一摆放，如图3-48所示。

至此，完成了一楼的基本结构，如图3-49所示。

将平盘斗复制一份，移动到靠内殿的两根柱子上，如图3-50所示。

图3-47 左侧面脊枋调整

图3-48 左侧脊枋效果

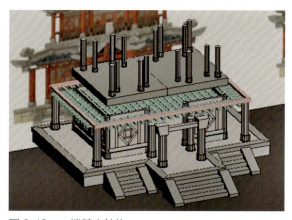

图3-49 一楼基本结构

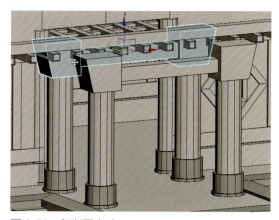

图3-50 复制平盘斗

8）飞檐制作

飞檐是中国传统建筑中屋顶造型的重要组成部分，常用在亭、台、楼、阁、宫殿、庙宇等建筑的屋顶转角处。飞檐四角翘伸，形如飞鸟展翅，轻盈活泼，所以也常被称为飞檐翘角。古代木结构的梁架组合形式，可以使坡顶形成曲线，也可以使正脊和檐端形成曲线，在屋檐转折的角上，还可以做出翘起的飞檐。梁架组合形式所形成的体量巨大的屋顶，与坡顶、正脊和翘起飞檐的柔美曲线，使屋顶成为中国古代建筑最突出的形式特色。明袁可立《甲子仲夏登署中楼观海市》："谛观之，飞檐列栋，丹垩粉黛，莫不具焉。"

飞檐作为中国建筑民族风格的重要表现之一，通过檐部特殊处理和创造，不仅扩大了采光面，有利于排泄雨水，还赋予了建筑物向上的动感，仿佛有一种气将屋檐向上托举。建筑群中层层叠叠的飞檐更是营造出壮观的气势和中国古建筑特有的飞动轻快的韵味。

制作飞檐可以绘制一个矩形，通过"挤出"命令得到厚度，也可以直接使用长方体绘制，转换为可编辑多边形后调整所在位置，如图 3-51 所示。

通过"连接"命令增加横向和竖向的分段，参考效果图调整顶点位置，如图 3-52 所示。

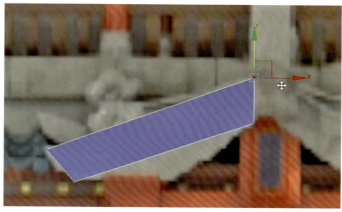

图 3-51　绘制基本型

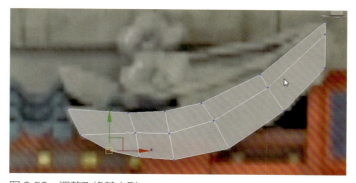

图 3-52　调整飞檐基本型

使用"倒角"命令对顶部的面进行向内的结构调整，使其呈现飞檐上部的细节轮廓，如图 3-53 所示。

再次增加分段，调整飞檐细节，如图 3-54 所示。

使用"对称"命令，得到另外一半的飞檐效果，如图 3-55 所示。

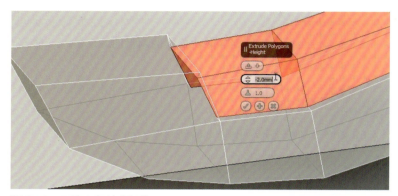

图 3-53 飞檐上部轮廓细节

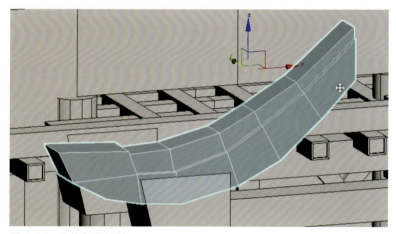

图 3-54 飞檐细节调整

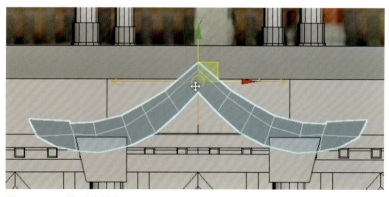

图 3-55 飞檐对称效果

使用长方体工具，绘制形状后调整结构，得到如图 3-56 所示的结构。

使用样条线勾形的方法或者使用对现有形状进行挤出、切割增加点，沿参考图调整顶点位置，得到其结构，这种结构在案例中多处出现，大家可以做好一份后进行复制和调整位置，如图 3-57 所示。

将边缘的线条选中，转化为可编辑样条线，并增加中间细节的顶点，如图 3-58 所示。

将顶点转换为贝兹角点，拖动控制柄调整曲线的形状，使其符合参考图效果，如图 3-59 所示。

设置曲线在渲染视口中显示和窗口中显示，并将截面设置为长方形，如图 3-60 所示。

调整横截面的大小，得到飞檐的厚度，如图 3-61 所示。

对照参考图调整整体的结构，如图 3-62 所示。

重复上述操作，继续制作较小部分的细节，效果如图 3-63 所示。

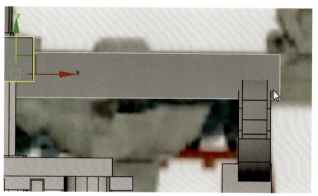

图 3-56　绘制基本型

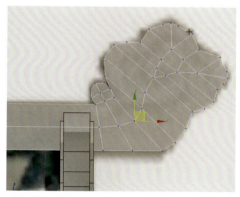

图 3-57　调整结构

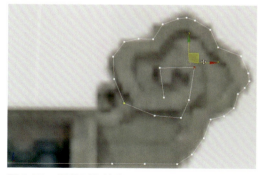

图 3-58　调整形状轮廓

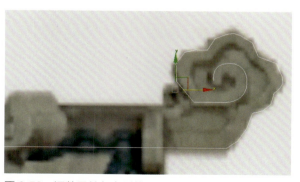

图 3-59　调整贝兹角点形状

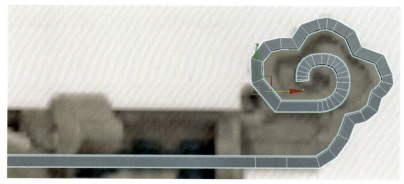

图 3-60　设置截面为长方形

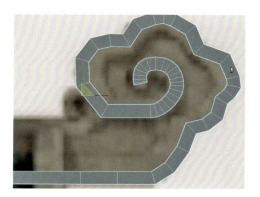

图 3-61　调整飞檐厚度

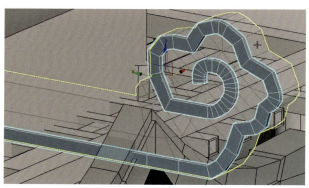

图 3-62　调整整体细节结构

图 3-63　制作较小檐的部分

将制作好的檐的结构对称，得到整体效果，如图 3-64 所示。

参考类似做法，把飞檐的部分完成，效果如图 3-65 所示。

将做好的飞檐整体进行复制，放到建筑参考图对应位置，效果如图 3-66 所示。

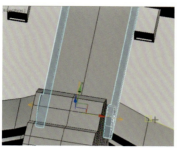

图 3-64　檐效果

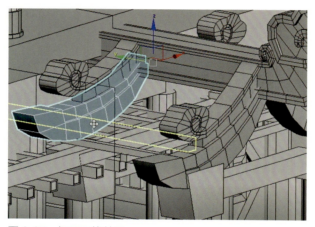

图 3-65　门口飞檐效果

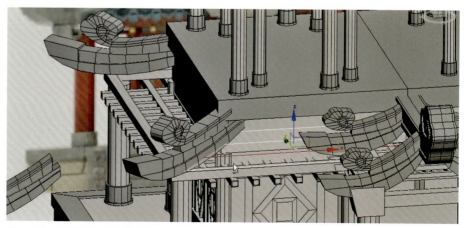

图 3-66　制作其他部分飞檐

9）瓦片制作

使用绘制平面或矩形工具，绘制形状后转换为可编辑多边形，并增加分段数，如图 3-67 所示。

选取竖向的线条，间隔调整出起伏的结构，得到瓦片的基础造型，如图 3-68 所示。

继续增加细节并调整，得到瓦片的完整造型，如图 3-69 所示。

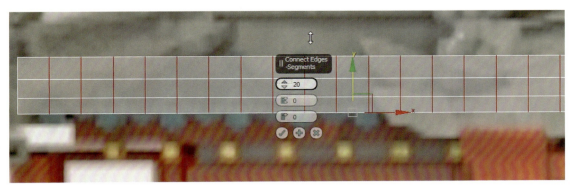

图 3-67 绘制平面并增加细节

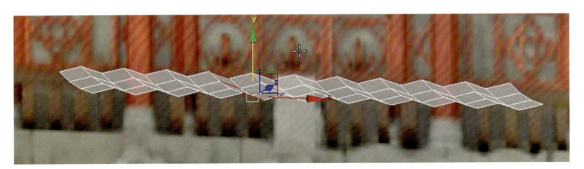

图 3-68 调整起伏结构

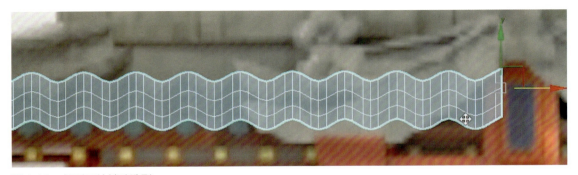

图 3-69 得到瓦片基础造型

使用"壳"命令增加厚度，并复制两份，形成瓦片的层叠效果，如图3-70所示。其余部分的瓦片可以使用复制并调整的方式得到。

在瓦片下方绘制圆柱体，转换为"可编辑多边形"，并调整顶点位置和形状，以得到瓦当效果，如图3-71所示。

复制得到所有瓦片下面的瓦当结构，即可完成瓦片及瓦当部分效果，如图3-72所示。

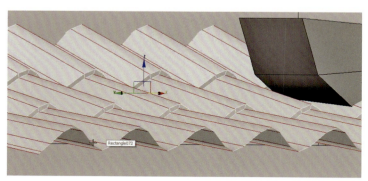

图3-70　增加瓦片厚度

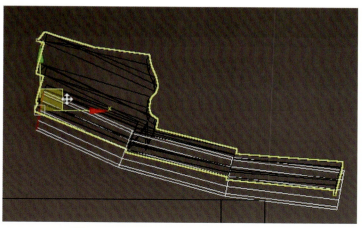

图3-71　制作瓦当

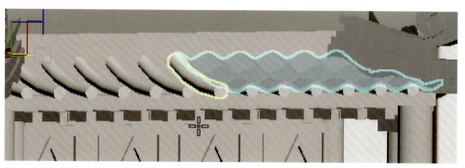

图3-72　瓦当效果

10）栏杆制作

"栏杆"，原作"阑杆"，原是指用木料编织起来的遮挡物，后来发展出石、砖、琉璃等不同材料所制成的栏杆。

栏杆早在周代时即有设置，这可以从周代留存的明器纹饰中看到。到了汉代，栏杆的运用已经较为普遍，同时也出现了寻杖、华板、望柱、地栿等构件。南北朝时期，栏杆已基本具备后世所见栏杆的形制。其后，经过不断的发展丰富，明清时期栏杆在装饰上越发繁复多样。

栏杆除了可以从不同材料来分其种类，根据其构造的不同，又可以细分为寻杖栏杆、花栏杆等形式。栏杆是中国古建筑外檐装修的一个重要类别，在建筑的台基、走廊处和池水边都经常可以看到栏杆的身影，厅堂、居室、亭、楼、水榭等建筑都可以设置栏杆。栏杆对于讲究布景、造景的园林尤为不可缺少。

栏杆最初是作为遮挡物，后来渐渐发展变化，式样丰富、雕刻精美，成为重要的装饰设置。

案例中的栏杆属于最简单的栏杆造型，可以使用长方体穿插搭建构成，制作方法较简单，做好一个部分栏杆后，复制并调整位置即可得到二楼的所有栏杆效果。这里需要注意，栏杆部分是带弯曲幅度的效果，需要对长方体增加分段数并对照参考图进行细节调整，如图 3-73 所示。

栏杆部分完成的效果如图 3-74 所示。

栏杆完成后，整个建筑的模型制作完毕，效果如图 3-75 所示。

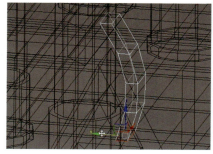

图 3-73　栏杆造型调整

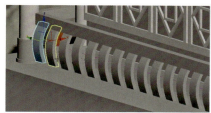

图 3-74　栏杆效果

图 3-75　卡通单体建筑模型整体效果

3.1.2　卡通单体建筑模型贴图制作

由于案例中的建筑主要由石材和木料构成，色彩相对较少也偏单一，因此本案例中我们不对模型进行 UV 展开，而是使用 Photoshop 绘制无缝贴图，并采用 UVW 贴图命令的方式，完成建筑模型的贴图效果。

1）使用Photoshop绘制无缝贴图

启动 Photoshop 软件，新建文件，设置尺寸为 2 048 像素 ×2 048 像素，72 dpi，RGB 模式，如图 3-76 所示。

双击背景图层，将其转换为普通图层，为使贴图呈现更好效果，在此案例中，填充颜色均使用渐变色，不使用纯色。

图层 0 为台基表面颜色，可以从参考图中拾取颜色，也可以直接设置，效果如图 3-77 所示。

图 3-76　新建文件

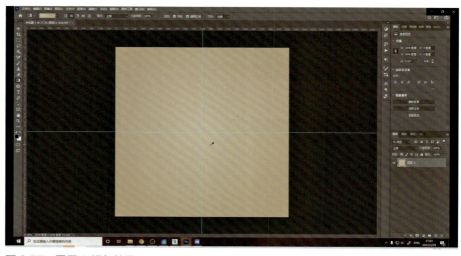

图 3-77　图层 0 颜色效果

使用矩形工具绘制与画布同等大小的矩形，设置填充为无色，边框为深棕色，作为台基表面接缝颜色，如图 3-78 所示。

新建图层 1，设置填充颜色为渐变深红棕色，作为柱子和建筑主体的贴图颜色，如图 3-79 所示。

新建图层 2，设置填充颜色为渐变的深灰色，作为左右阶、飞檐等部分的贴图颜色，如图 3-80 所示。

新建图层 3，设置填充颜色为黑色，使用滤镜中的"渲染—分层"云彩滤镜，制作贴图效果，如图 3-81 所示。完成后，将图层 3 与图层 2 合并，得到新的图层 2。

新建图层 3，设置填充颜色为渐变深蓝色，如图 3-82 所示。

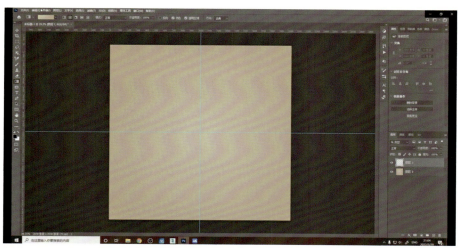

图 3-78　图层 1 颜色效果

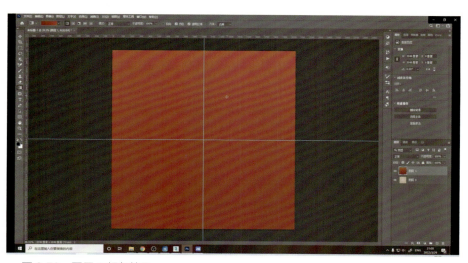

图 3-79　图层 2 颜色效果

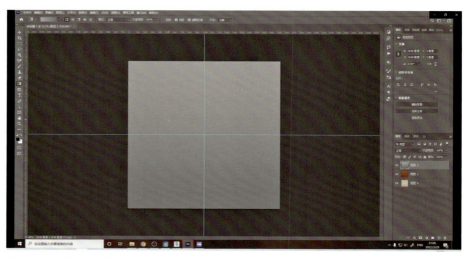

图 3-80　图层 2 颜色效果

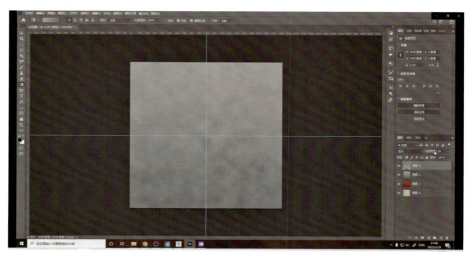

图 3-81　新图层 2 颜色效果

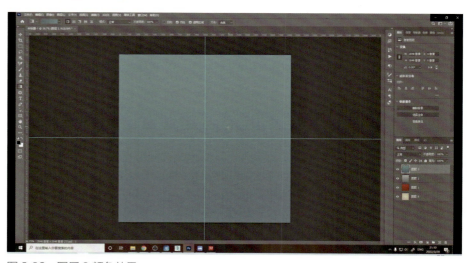

图 3-82　图层 3 颜色效果

新建图层 4，设置填充颜色为渐变深棕色，如图 3-83 所示。

新建图层 5，设置填充颜色为渐变绿色，如图 3-84 所示。

新建图层 6，设置填充颜色为渐变棕色，如图 3-85 所示。

新建图层 7，设置填充颜色为渐变深红色，如图 3-86 所示。

将图层 7 拷贝一份，调整渐变颜色，如图 3-87 所示。

将制作好的颜色图层逐一导出，设置参数如图 3-88 所示。

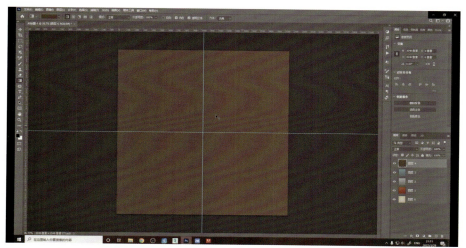

图 3-83　图层 4 颜色效果

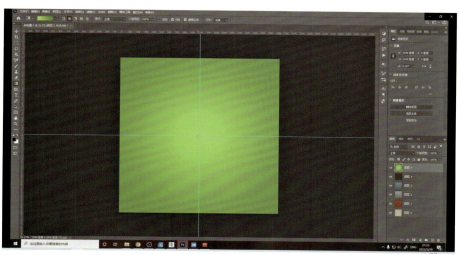

图 3-84　图层 5 颜色效果

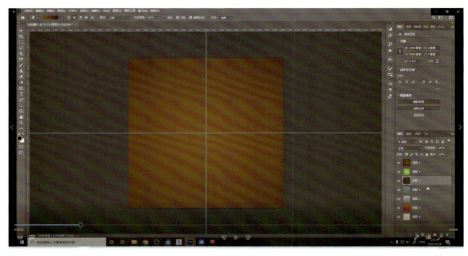

图 3-85　图层 6 颜色效果

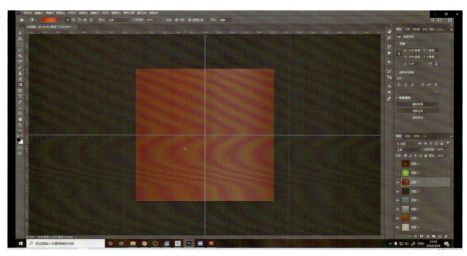

图 3-86　图层 7 颜色效果

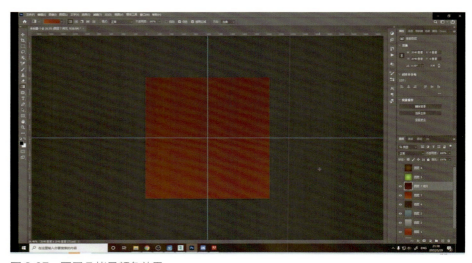

图 3-87　图层 7 拷贝颜色效果

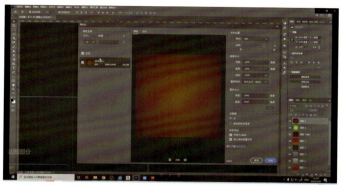
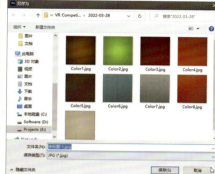

图 3-88 导出颜色图层

2）设置材质球贴图

返回 3ds Max 软件，开始设置模型各部分贴图。

按下 M 键打开材质编辑器，将刚刚导出的颜色图片逐一拖入视图，如图 3-89 所示。

复制默认的材质球，与颜色贴图一一匹配，如图 3-90 所示。

将每个颜色贴图连接到 "diffuse color"，将材质球的颜色设置为贴图颜色，并设置其在视口中显示贴图效果，便于后续对模型不同部分设置不同贴图效果，如图 3-91 所示。

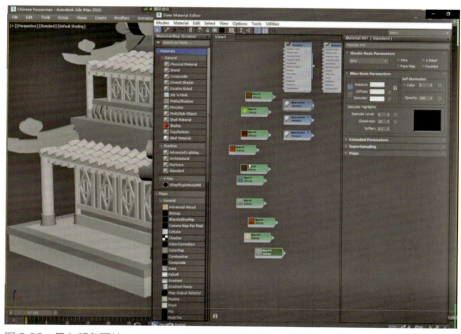

图 3-89 导入颜色图片

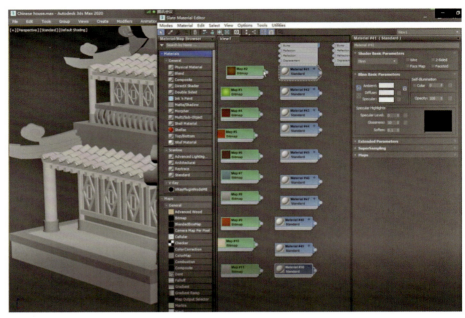

图 3-90　复制材质球

图 3-91　设置颜色贴图

每个贴图设置完成后的效果如图 3-92 所示。

3）设置UVW贴图效果

将左右阶的部分选中，单击 Map8 对应的材质球，将灰色贴图赋予左右阶，通过添加 UVW 修改器，调整其贴图方式为 Box，效果如图 3-93 所示。

选择台基部分，设置 Map10 对应的材质球贴图，同样添加 UVW 贴图修改器，设置贴图方式为 Box，并调整长、宽、高参数，显示出地砖效果，如图 3-94 所示。

参考上述做法，将每个贴图逐一贴到对应的模型部分，并设添加 UVW 贴图修改器命令，根据显示效果，对比参考图进行调整，完成后的效果如图 3-95 所示。

图 3-92 颜色贴图设置效果

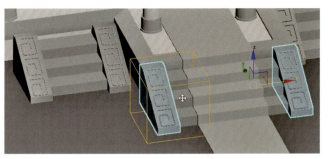

图 3-93 左右阶贴图设置

图 3-94 台基贴图设置

图 3-95 贴图完成效果

任务二　卡通角色模型案例制作

中国传统节日，是中华民族悠久历史文化的重要组成部分，形式多样，内容丰富。传统节日的形成是一个民族或国家的历史文化长期积淀凝聚的过程。中华民族的古老传统节日涵盖了原始信仰、祭祀文化、天文历法、易理术数等人文与自然文化内容，蕴含着深邃丰厚的文化内涵。从远古先民时期发展而来的中华传统节日不仅清晰地记录着中华民族先民丰富而多彩的社会生活文化内容，也积淀着博大精深的历史文化内涵。

中秋节，又称祭月节、月光诞、月夕、秋节、仲秋节、拜月节、月娘节、月亮节、团圆节等，是中国民间的传统节日。中秋节源自天象崇拜，由上古时代秋夕祭月演变而来。

中秋节起源于上古时代，普及于汉代，定型于唐朝初年，盛行于宋朝后。中秋节是秋季时令习俗的综合，其所包含的节俗因素，大都有古老的渊源。中秋节以月之圆兆人之团圆，为寄托思念故乡，思念亲人之情，祈盼丰收、幸福，成为丰富多彩、弥足珍贵的文化遗产。2006 年 5 月 20 日，中秋节被列入首批国家级非物质文化遗产名录。

中秋节成为官方认定的全国性节日大约是在唐代。《唐书·太宗记》记载有"八月十五中秋节"。中秋赏月风俗在唐代的长安一带极盛，许多诗人的名篇中都有咏月的诗句，并将中秋与嫦娥奔月、吴刚伐桂、玉兔捣药、杨贵妃变月神、唐明皇游月宫等神话故事结合起来，使之充满浪漫色彩。唐代是传统节日习俗揉合定型的重要时期，其主体部分传承至今。

本案例以中国传统节日中秋节玉兔的卡通造型角色为例，讲解卡通角色的建模与贴图制作过程。玉兔卡通角色为一个女童造型，有一双长长的毛茸茸的耳朵，头上戴有月饼和胡萝卜造型的头饰，身着代表月亮颜色的金黄色传统服饰，整体造型软萌可爱，就像小兔子一样。

3.2.1　卡通角色基础模型创建

1）原画分析

创建模型前，需对原画进行分析，主要分析角色的比例、造型、服饰、材质等，如图 3-96 所示。

2）创建头部结构

首先，在 3d Max 中创建一个 Box 模型，单击鼠标右键选择"转换为"的层级命令"转换为可编辑多边形"，进入"修改器列表"选择命令"涡轮平滑"，将长方形模型布线呈几何倍增加，形成头部结构，并调整形状，如图 3-97 所示。

选中模型进入"修改器列表"中选择"网格平滑修改"，再次选择"转换为可编辑多边形"命令，然后在"选择"面板中选择"多边形"，在删除一半模型后，选择命令"对称"沿 X 轴"翻转"，最终形成头部结构，如图 3-98 所示。

图 3-96　模型的整体结构

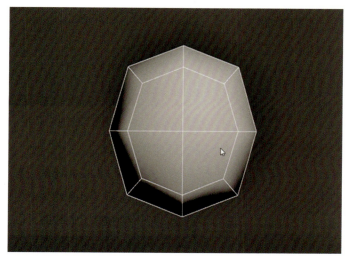

图 3-97　制作头部并调整大小

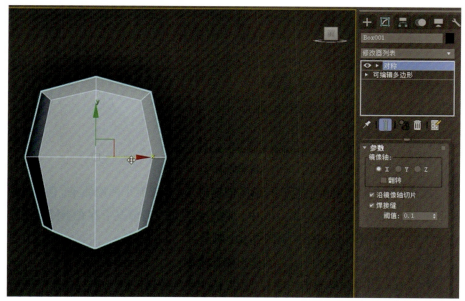

图 3-98　转换模型模式

转换到侧视图，运用"切角"命令增加模型结构线，使用"顶点"命令，根据原画调整卡通角色模型侧面，调整至与图片结构相似，如图3-99所示。

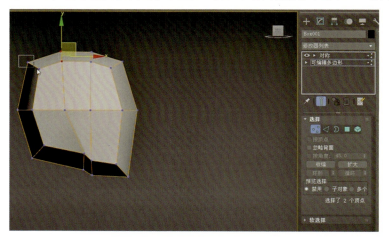

图3-99　调整侧面面部结构

3）创建大致身体结构

卡通角色的身体与头长的比例大致为3：1，呈头大身体小的特征。选择头部模型的底部，选择"面模式"，使用"挤出"命令将卡通模型颈部拉出。需注意的是，必须删除脖子中的面，以免与卡通模型重叠，如图3-100所示。

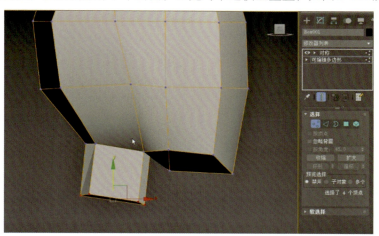

图3-100　使用"挤出"命令创建模型颈部

参照上述方法，将角色模型的身体创建出来。选择躯干两端线条，使用"连接"工具，细化出胸部和腰部。其中，胸部的线条一般情况下存在于锁骨到胯骨的1/3处，腰部线条相似，如图3-101所示。

接着，依照图3-102所示，制作出腿部模型。

创建躯干与腿部模型后，进入"点"或"线"的编辑层级中，运用"连接"命令增加线，并调整点的位置，细化角色模型结构，如图3-103所示。

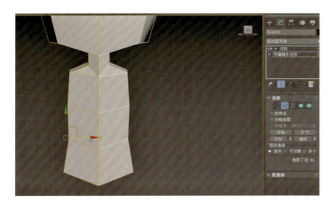

图 3-101　躯干部分制作

图 3-102　制作腿部模型

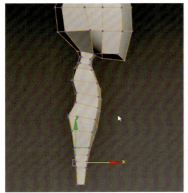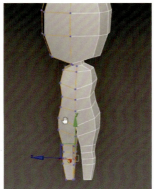

图 3-103　细化躯干模型

　　依照图 3-100 至图 3-103 所示步骤，增加手臂部位，如图 3-104 所示。

4）创建头部细节

　　根据所学内容，在头部顶端位置使用"环形"加"连接"工具创建一条线，使用"点"将其移动到中庭鼻子位置，如图 3-105 所示。

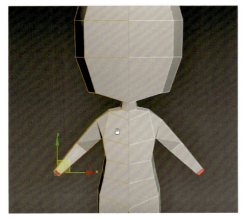

图 3-104　增加手臂模型结构

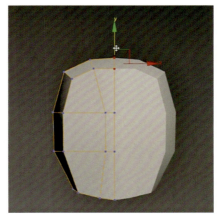

图 3-105　调整脸部结构

　　根据鼻子厚度进行选择，使用"挤出"命令将鼻子高度拉出，并删除重叠面。然后进入"点"的编辑层级，调整鼻子形状，如图 3-106 所示。

　　接下来进入"点"的编辑层级，对眼眶和耳朵的结构进行相应顶点位置调节，如图 3-107 所示。

　　接着，按照上述方法，细化脸颊、耳朵、嘴巴、下巴、眼睛等各部位，如图 3-108 所示。

5）卡通角色手部与脚部制作

　　进入点的编辑层级中，调整手部的整体结构。使用"挤压"命令分别调整四个手指。注意到手指是三个指节，因此在执行"挤出"命令时需要进行三次操作。之后，进入"点""线""面"的编辑层级中进行细化，如图 3-109 所示。

　　制作手指结构时，在面的编辑层级中，选择接近大拇指的面，执行"挤压"命令，然后在"点"的编辑层级里调整手指形状与位置，如图 3-110 所示。

　　运用同样的方法，制作并细化脚部模型结构，如图 3-111 所示。

6）卡通角色发型制作

　　选中头部上半部的模型面，按 Shift 键并移动鼠标复制出头发顶部结构，选择"对称"，制作出头发顶部，如图 3-112 所示。

　　进入"线"的编辑层级，选择与原画相应位置的头发结构位置，按住"Shift"将面拖拽出来，并调整形状，如图 3-113 所示。

　　按照相同方法，根据原画所示，制作发型。为了方便选定发型位置，可以先隐藏刘海，如图 3-114 所示。

　　调整整体发型，将模型整体发型制作完成，如图 3-115 所示。

7）卡通角色衣服饰品制作

　　选择与原画相应的合适发型，使用制作发型的操作流程，按住"Shift"键并移动鼠标将面拖拽出，进入"点"的编辑层级制作出兔耳，执行"对称"命令，注意侧面的转折，完成兔耳制作，如图 3-116 所示。

　　对照原画，在脖子位置延衣服走势，选择"切割"命令，做出衣领开口处的布线。选中衣领线，按住"Shift"键并移动鼠标将其拖出立面效果。进入"线"编辑层面调整衣领位置，如图 3-117 所示。

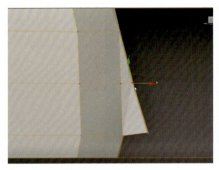

图 3-106　挤出鼻子结构

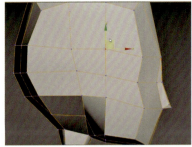
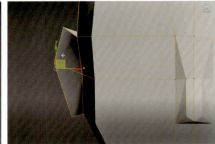

图 3-107　调整眼眶结构

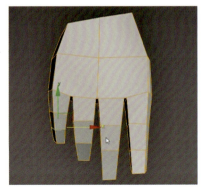

图 3-108　丰富头部细节　　　图 3-109　制作手部大体结构

图 3-110　制作手部模型并细化

图 3-111　制作脚部结构

图 3-112　制作头发顶部结构

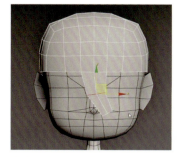

图 3-113　制作刘海

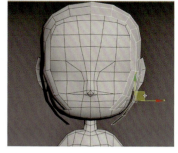

图 3-114　制作发型

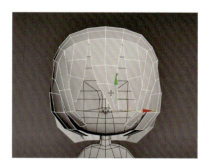

图 3-115　完成发型制作

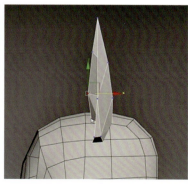

图 3-116　完成兔耳制作

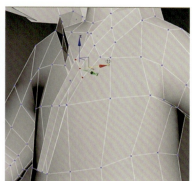

图 3-117　制作衣领

进入"线"编辑层级，选择手腕上方的线，执行"分割"命令，根据原画调整袖子结构和形状，如图 3-118 所示。

框选已做好的衣袖和手的模型部分，复制并执行"对称"命令，如图 3-119 所示。

按上述所示方法，在腰部找到合适位置的环形线，执行"分割"命令。进入"线"的编辑层级中，塑造出衣服模型，如图 3-120 所示。

创建"长方体"模型，设置段数为"1"，移动位置到腰部，并调整大小用来制作腰带模型，如图 3-121 所示。

将"长方体"模型"转换为可编辑多边形"，利用"切线""连接""挤出"等命令创建腰带模型，如图 3-122 所示。

创建"样条线"中的"多边形"类型，调节参数，将边数增加至"36"。选择"边界"层级，将模型体积拉出，制作月饼饰品，如图 3-123 所示。

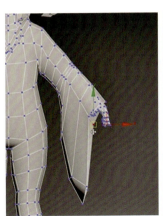
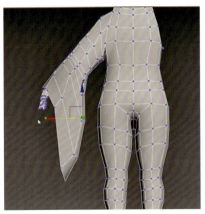

图 3-118　制作衣袖　　　　　　　　　　　　　　图 3-119　完成衣袖部分模型制作

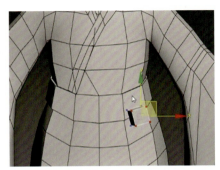
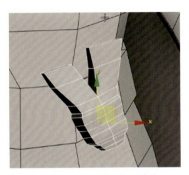

图 3-120　完成衣服模型制作　　图 3-121　创建腰带模型　　图 3-122　细化腰带模型结构

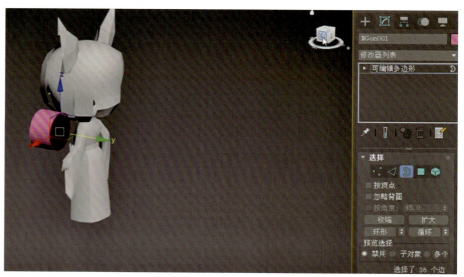

图 3-123　创建饰品月饼

　　选中模型，执行"插入"命令，选择"按多边形"，增加模型面，并调整参数大小。执行"挤出"命令，将月饼侧边突出部分调整至合适高度，如图 3-124 所示。

　　选中月饼模型，删除一侧底面，将其移动至头顶位置，并复制出另一侧模型，如图 3-125 所示。

　　使用创建卡通角色人体模型的方法创建吊坠，如图 3-126 所示。

　　创建"长方形"模型，转换为可编辑多边形，执行"NURMS"命令，并调整模型形状。选择层级面板，选中"轴""仅影响轴"和"居中到对象"的命令，完成后将模型移动到与原画相符的位置，如图 3-127 所示。

　　移动到合适位置后，进入层级面板，选择"软选择""影响背面"中调整"衰减""收缩""膨胀"等数值，完成胡萝卜发饰制作，如图 3-128 所示。

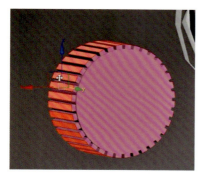

图 3-124　塑造饰品月饼模型

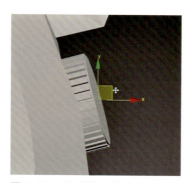

图 3-125　调整模型位置

图 3-126　创建吊坠模型

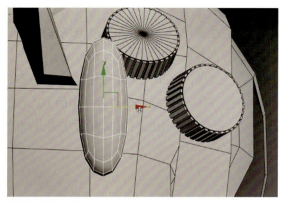

图 3-127　创建胡萝卜模型

运用创建卡通角色手部模型的方法，使用"挤出"命令完成胡萝卜模型创建，如图 3-129 所示。

完成的"玉兔"卡通角色模型，如图 3-130 所示。

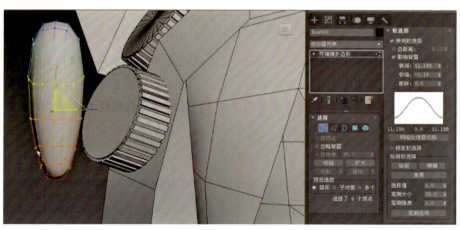

图 3-128　细化胡萝卜模型

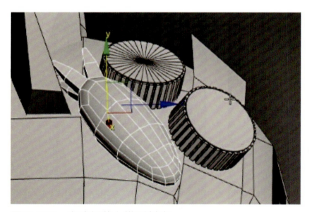

图 3-129　完成胡萝卜模型创建

图 3-130　完成玉兔模型创建

3.2.2 卡通角色 UV 展开

在进行卡通角色 UV 展开前，一定要检查模型结构，如果模型制作出现问题，将直接影响后续绘制，而这些问题在后续的制作过程中无法弥补。

根据模型部位的重要程度合理地分配 UV，比如，头部的分辨率应尽量高一些。对于一些相同的部件和对称部分，只需要拆分一个或者一半的 UV，之后通过镜像复制来保证模型的完整性，尽量最大化地利用仅有的空间，如图 3-131 所示。

1）整理模型并去除模型原有UV

在展开模型之前，首先对模型进行整理，针对模型中不需要展 UV 的部分，例如卡通模型中头顶相同的耳朵、头饰中相同的月饼装饰、相同的手部和脚部等应进行删除，如图 3-132 所示。

选中模型后，在"修改命令"面板中选择"UVW 展开"命令，再将其"转换为可编辑网格"，在转换为可编辑网格后，就可以去除模型自带的 UV 信息。最后在"实用程序"面板中选择"更多"选项。然后，在实用程序面板会出现参数卷展栏，在确定选中模型的基础上，选择参数卷展栏下移除"UVW"按钮。

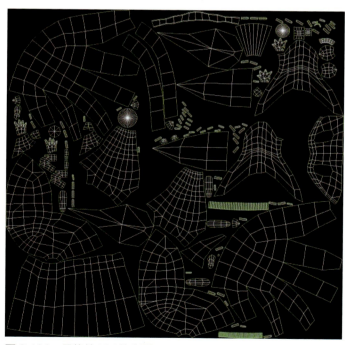

图 3-131　最终的 UV 信息图

图 3-132　整理模型信息

2）展开UV

　　进行 UV 展开时，重新在"修改器列表中"选择"UVW 展开"命令，在"编辑 UV"中使用"打开 UV 编辑器"命令，进入编辑 UVW 视窗，如图 3-133 所示。

　　以头部为例，我们将对其进行展开，选中头部，点击"工具"中的松弛，将迭代次数调节为 1 000，数量调节为 1，这样会更快速地对 UV 进行松弛，然后直接点击开始松弛，如图 3-134 所示。

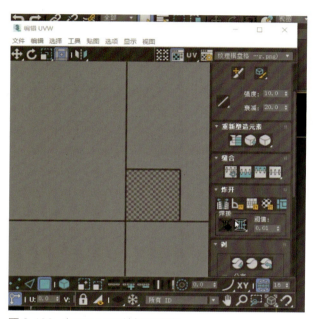

图 3-133　打开 UVW 编辑器视窗

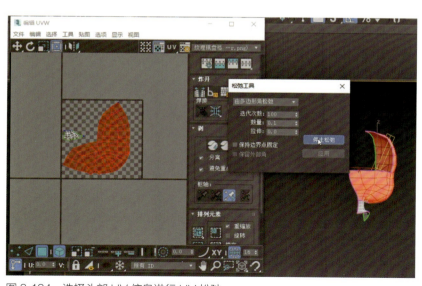

图 3-134　选择头部 UV 信息进行 UV 松弛

在编辑器重新为模型设定切割线。使用"边"切割复杂模型，执行"剥离"命令，具体操作如图 3-135 所示。

使用同样的方法，将其他部位的 UV 信息进行松弛，如图 3-136 所示。

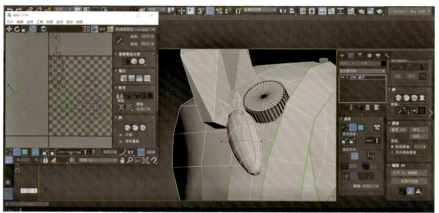

图 3-135　剥离 UV 信息

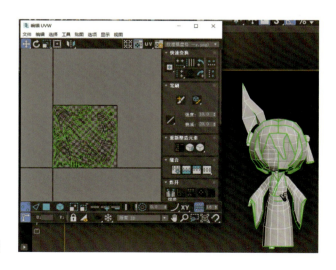

图 3-136　UV 全部松弛后

3）摆放UV

在本次模型中，最重要的部分是头部，可以先选中枪头的 UV 信息摆放进去，并适当地放大，这样后期绘制枪头的贴图会更加清晰。

全选模型，进入层级面板，打开"UV 展开"，选择"编辑 UVW"。全选杂乱排列的 UV 信息后，在"排列元素"中执行命令"紧缩"来得到此次模型的 UV 信息最终摆放，如图 3-137 所示。

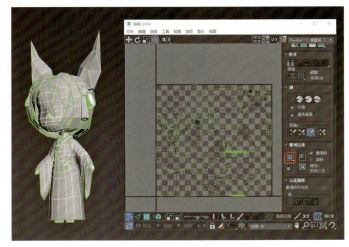

图 3-137　最终的 UV 信息图

选择编辑 UV 窗口中的工具菜单下的"渲染 UVW 模板"，在弹出的对话框中，输入宽度为 1 024 像素、高度为 1 024 像素，然后点击最下方的"渲染 UVW 模板"，最后在渲染帧窗口左上角点击保存 UV。一般 UV 保存为"PNG"图片格式，这样可以保存 UV 图的通道信息，如图 3-138 所示。

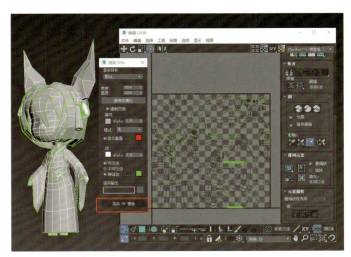

图 3-138　渲染 UVW 模板

3.2.3　卡通角色贴图绘制

进入 Photoshop，将 UV 信息图导入。在"UV 信息"图层下，新建背景图层，并使用"油漆桶"工具倒出背景色。将文件保存为"PSD"格式，源目录与"玉兔"模型（*.OBJ）相同，如图 3-139所示。

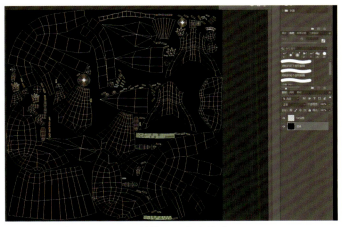

图 3-139　在 Photoshop 转换 UV 信息格式

　　新建图层，在背景与 UV 信息图层之间，使用"吸色"工具将玉兔模型的基础色进行大致平铺，如图 3-140 所示。

　　将玉兔模型导出为 obj 格式后，在 BodyPaint 3D 中打开，如图 3-141 所示。

　　在绘制前，首先需要整理文件目录，将源文件、模型文件（obj 格式文件）、UV 信息图（PSD 格式文件）和 BodyPaint 3D 另存为的 C4D 格式的文件，储存于同一文件夹中，如图 3-142 所示。

　　导入文件后，选择"BP 3D Paint"绘画模式。在"显示"中选择"常量着色"，如图 3-143 所示。

图 3-140　大致平铺颜色

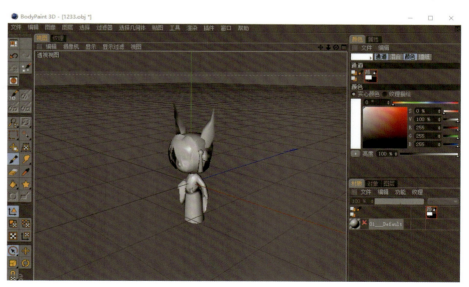

图 3-141　在 BodyPaint 3D 打开模型

双击"材质"界面中的 ，打开"材质编辑器"面板，选择"纹理"打开浏览路径，导入 UV 信息图的 PSD 格式，如图 3-144 所示。

导入文件后，点击"材质球"右侧的"X"号，解锁图层 ，如图 3-145 所示。

图 3-142　储存目录

图 3-143　选择模式

图 3-144　导入 PSD 文件

图 3-145　解锁图层

二维码

选择画笔工具，在空白图层中进行填色。当发现在"视图"中有无法填色的区域，选择进入"纹理"界面进行填色，完成基础的填色，如图 3-146 所示。

在视图界面中，调整画笔工具大小、颜色等，参照原画，绘制模型贴图，如图 3-147 所示。

在 BodyPaint 3D 完成贴图绘制后，在 3ds Max 中打开"材质编辑器"，找到一个空白材质球，在"漫反射"中选择"位图"，打开刚保存的"贴图"，将材质球赋予到模型上。

注意：在 BodyPaint 3D 保存后，会自动更新源文件下的 PSD 文件。当 PSD 文件与 3ds Max 为同一源文件时，3ds Max 软件中的模型会自动更新贴图效果，如图 3-148 所示。

如遇在 3ds Max 中无法导入 PSD 文件作为"材质球"的情况，可以在 Photoshop 中打开 PSD 文件，另存为 jpg. 文件格式，按照上述相同方式导入 3ds Max。

图 3-146　完成基础填色

图 3-147　完成模型细节绘制　　　　图 3-148　3ds Max 中贴图效果

模块四｜次世代建模
技术案例详解

任务一　"金面"道具模型制作

　　2022 年 1 月 31 日，中央广播电视总台春节联欢晚会上，重磅发布了三星堆最新重要出土文物，在亿万观众面前，再现"沉睡数千年，一醒惊天下"的古蜀风采，也为中国现代考古学诞生 100 周年献上了一份"新春贺礼"。

　　自 2021 年以来，三星堆遗址祭祀区 6 座新祭祀坑的考古发掘吸引了境内外的巨大关注。国内 39 家科研机构和高校共同完成了一次中国特色、中国风格、中国气派的考古发掘，取得了重大成果，对于深化中华文明研究，实证中华文明延绵不断、兼收并蓄的发展脉络具有重大意义。

　　在三星堆遗址 5 号坑中，出土了大量黄金制品，其中包括一张独特的"金面具"。三星堆遗址发现的半张面具宽约 23 厘米，高约 28 厘米，比完整的金沙大金面具还要大。

　　三维建模技术可以真实复原生活中的道具、场景和角色。由于三星堆"金面具"只剩下半张，因此，我们利用三维建模技术尝试将其复原，助力中华优秀传统文化的传承与创新，案例效果如图 4-1 所示。

图 4-1　"金面具"最终效果图

4.1.1　"金面具"道具低模创建

1）"金面具"道具模型分析

　　在制作写实道具模型之前，如果该道具在现实中存在原型，首先要收集道具的资料信息。本次案例的原型为三星堆遗址祭祀区文物——金面具，因此需要结合资料思考如何进行布线。在进行这一类道具模型的建模时，形态特征是关键。其次，分析模型的曲面布线。最后，是材质。结合资料了解其含金量约为 85%，银含量为 13% ～ 14%，为材质球的调整做参考，建模参考图如图 4-2 所示。

图 4-2　"金面具"参考图

2）导入参照图

导入参考图后，使用多边形建模法可以更好地把握模型结构，在开始制作时也可参考。不过要注意，写实类模型多以透视角度呈现，不能一比一地对照参考图进行建模。

首先，在 Maya 前视图中创建一个自由图像平面，将参考图导入平面中，这样在基础定型时会更加容易，如图 4-3 所示。

3）创建大形体

根据参考图，激活前视图，选择样条曲线工具命令。根据参照图，因为是弧形，所以将面具的大形体用圆柱体修改出来，删掉多余的面，运用布线技巧添加线来确定面具的眉毛、鼻部、嘴部等较为突出的部位。另外，由于面具是对称的，所以在建模的时候只需要制作一半模型，另一半可通过镜像或者对称命令得到，如图 4-4 所示。

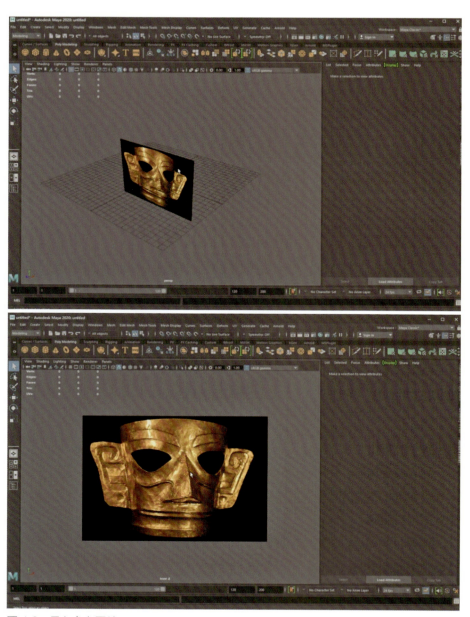

图 4-3　导入参考图片

图 4-4　特征定点

4）嘴部布线

　　运用布线技巧和倒角命令对嘴部进行布线定型，按住"Ctrl+ 鼠标中键"可以沿法线方向移动，如图 4-5 所示，在嘴部线条上下各增加一条布线。

图 4-5　嘴部布线

5）鼻部布线

　　运用布线技巧和挤出命令对鼻部进行布线定型，如图 4-6 所示。

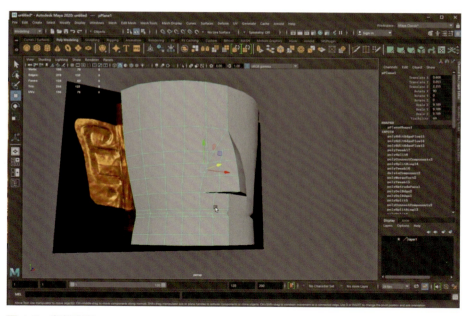

图 4-6　鼻部定型

6）眼部及眉毛布线

　　运用布线技巧和切线命令对眼部及眉毛部分进行布线定型，在此过程中不断优化模型布线，使点与点的间隔合理、走向明确，如图 4-7 所示。

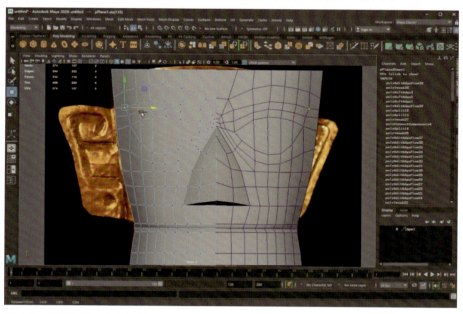

图 4-7　眼部及眉毛布线调整

　　模型的细节调整需要不断地优化，对照参考图反复调整点的位置，才能得到较好的效果。

7）模型结构细分

运用布线技巧和切线命令再次对面具结构进行划分，不断优化模型布线，使点与点的间隔合理，线条的走向明确，如图 4-8 所示。

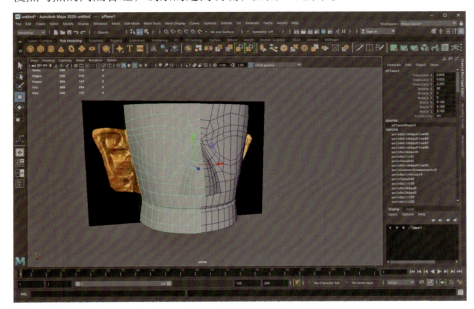

图 4-8 细分结构

4.1.2 "金面具"道具高模制作

1）眉毛和眼角部分高模卡线

先备份低模，然后运用布线技巧和倒角命令对面具的眉毛及眼角结构进行卡线操作。在卡线过程中，需要注意布线规范，不破坏原本形体，卡线效果参考图如图 4-9 所示。

2）鼻子部分高模卡线

运用布线技巧和"倒角"命令对面具的鼻子结构进行卡线操作，不破坏原本形体，参考图如图 4-10 所示。

3）嘴部高模卡线

运用布线技巧和"倒角"命令对面具的嘴部结构进行卡线操作，合并多余点，让模型更加接近参考图，参考图如图 4-11 所示。

4）小胡须布线及高模卡线

本案例的难点在于运用布线技巧和"倒角"命令对鼻部和眼下交界处加线，需要思考其体态结构和衔接关系。在加线的同时，需要注意不要影响模型结构，合理散布点线面关系，如图 4-12 所示。

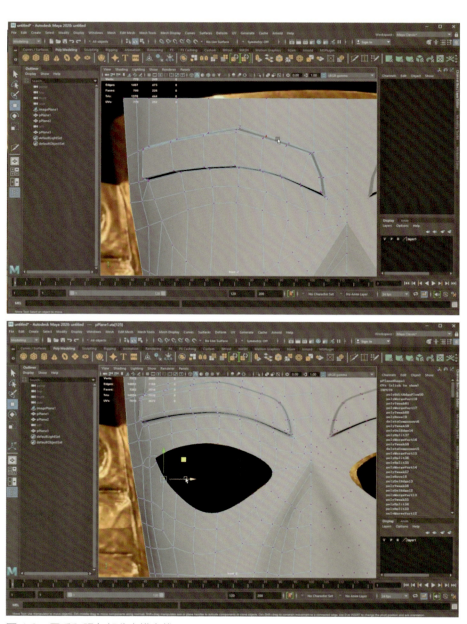

图 4-9　眉毛和眼角部分高模卡线

图 4-10 鼻子部分高模卡线

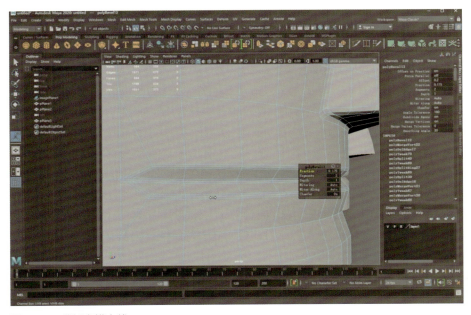

图 4-11 嘴部高模卡线

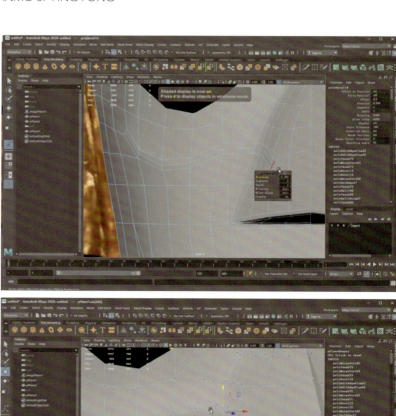

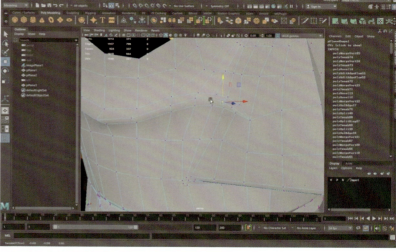

图 4-12　小胡须布线及
高模卡线

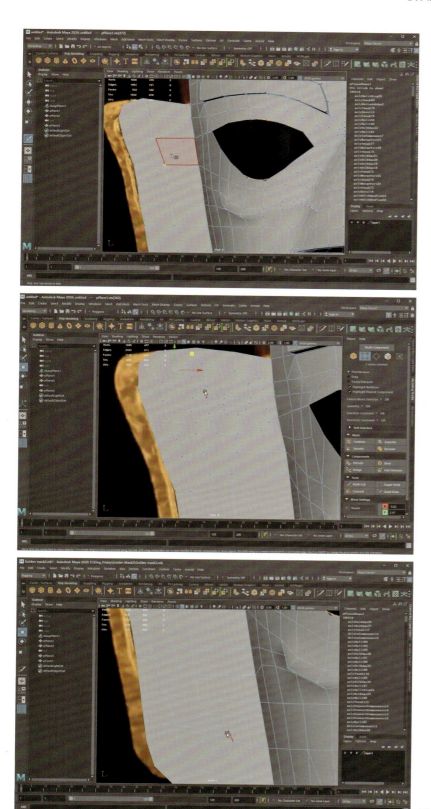

图 4-13　耳朵部分布线

5）耳朵部分布线

选择线挤出耳朵部分，在这里选择在面片上切线定型，考虑衔接关系，合理散布点、线、面关系，如图 4-13 所示。

6）耳朵部分高模卡线

运用布线技巧对耳朵部分进行挤出、切线、卡线等操作，在该过程中同步调整模型整体比例，让模型更加贴合参考图，如图 4-14 所示。

至此，高模制作部分完成，如图 4-15 所示。

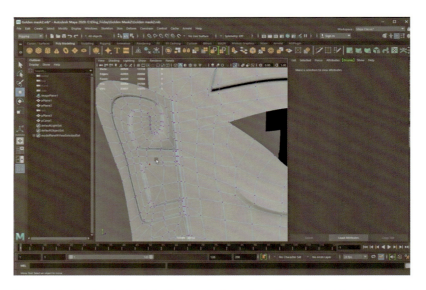

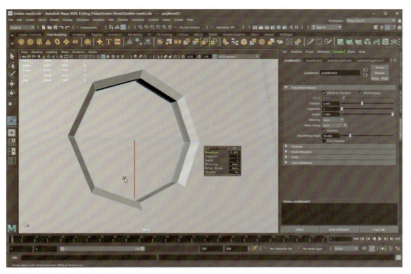

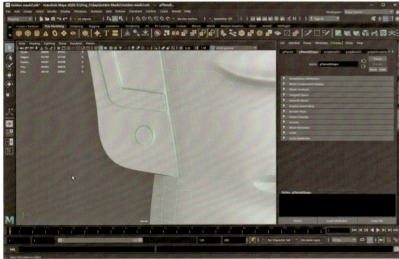

图 4-14　耳朵部分高模布线

图 4-15　高模部分完成

7）赋予材质

为使模型在视觉上更加贴合参考，由于"金面"材质为金，不存在其他材质，因此最后赋予 blinn 材质球，并调整材质的具体参数设置，如图 4-16 所示。

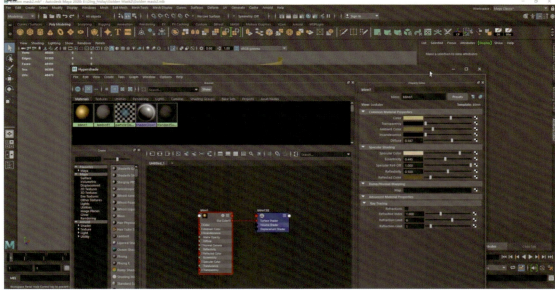

图 4-16　赋予并调整 blinn 材质球

任务二　宋代文官服饰制作

各个朝代都有其独具特色的服饰，宋朝也是如此。作为文官，他们的服饰比百姓更加细致，更能体现朝代的特点。官位不同、官职不同、官阶不同，服饰也有所不同。

陈寅恪先生曾说："华夏民族之文化，历数千载之演进，造极于赵宋之世。"宋朝是中国历史上经济、文化、教育最繁荣的时代之一，达到了封建社会的巅峰，服饰也最为繁复。

在宋朝，文官具有非常高的社会地位。很多学子希望能够通过成为文官，实现自己的抱负，大展宏图，为国家做出贡献。宋朝作为一个极其重视文官的朝代，文官的服饰更是多种多样。

接下来，我们根据前面所学内容，使用 Maya 中自带的标准人体，运用多边形建模法制作宋代文官服饰，面部的细节可在本节内容学习完成后自行设计制作。图 4-17 是本节案例详解的最终效果图。

图 4-17　宋代文官服饰效果

4.2.1　宋代文官服饰原画分析

如图 4-17 所示角色的衣服风格属于宋代文官服饰。《宋史·舆服志》载："公服。凡朝服谓之具服，公服从省，今谓之常服。宋因唐制，三品以上服紫，五品以上服朱，七品以上服绿，九品以上服青。其制，曲领大袖，下施横襕，束以革带，幞头，乌皮靴。自王公至一命之士，通服之。中兴，仍元丰之制，四品以上紫，六品以上绯，九品以上绿。服绯、紫者必佩鱼，谓之章服。"由此可见，宋代文官服饰由官帽、官服、革带、裤子和乌皮靴组成，服饰上的花纹图案和纹理可以通过贴图来呈现。

官帽：据《宋史·舆服志》记载"五代渐变平直。国朝之制，君臣通服平脚……平施两脚，以铁为之"，"双翅乌纱帽"是普通文官上公的配置。从参考图中可以观察到，角色头上戴的是双翅乌纱帽。乌纱帽是古代官吏戴的一种帽子，后来也用来比喻官位。乌纱帽原是民间常见的一种便帽，官员头戴乌纱帽起源于东晋，但作为正式"服饰"的组成部分，则始于隋朝，兴盛于唐朝，宋朝时加上了双翅，乌纱帽按照官阶在材质和式样上有所不同。

官服：宋代文官朝服颜色以绯色、绛色、皂色为主，不同官位的文官使用的颜色有所不同，但红色、绯色仍然是主要的使用颜色。文官朝服的朱衣朱裳都是正色，间色使用较少。另外，紫色也是宋朝文官朝服的主要颜色之一。

革带：革带是用皮革制成的，外面裹以红、黑绫绢，带铐的制作质料、雕饰和排列都有一定的规定。公服所佩的革带是区别官职的重要标志之一，它比服装颜色分得更细。三品以上的王公大臣使用玉带，四品的官员佩戴金饰革带，五品、六品的官员使用黑银饰的革带，其余的小官小吏使用黑银饰或犀角饰的革带，一般的文人使用铁脚饰物装饰的革带。

乌皮靴：即黑色皮靴，以染成黑色的皮革制成，隋唐后穿靴之风盛行，成为常服。《通典·乐志六》记载："二人赤黄裙，襦袴，极长其袖，乌皮靴，双双并立而舞。"《新唐书·车服志》记载："武舞绯丝布大袖，白练裆，螣蛇起梁带，豹文大口绔，乌皮靴。"

制作角色服装时，应该按照由内到外、由上到下的顺序进行。因而制作角色服饰的顺序是官服、革带、官帽、裤子、乌皮靴。本案例主要讲解宋代文官官服和革带的中模制作、高模雕刻、低模拓扑、UV展开、法线烘焙和贴图绘制过程。官帽、裤子和乌皮靴的制作流程与服饰制作流程一致，因此不再重复讲解，可参考教学视频进行制作。

4.2.2　宋代文官服饰制作思路和流程

1）宋代文官服饰制作思路

根据提供的原画，分析模型的结构比例。确保模型的布线合理，布线线条平均、流畅，为后续的服饰制作打好基础。

2）宋代文官服饰制作流程

案例中的宋代文官服饰的制作流程共分为7个步骤，分别是：

①第一步：制作模型的中模；

②第二步：制作模型的高模；

③第三步：雕刻模型的细节；

④第四步：制作模型低模以及 UV 展开；

⑤第五步：高低模法线烘培；

⑥第六步：绘制贴图；

⑦第七步：灯光材质以及模型的渲染。

下面对这 7 个制作过程进行讲解。

4.2.3　宋代文官服饰中模制作

1）导入角色模型及参考图

点击菜单文件导入基础人体，如图 4-18 所示。

在前视图中点击视图、图像平面、导入图像，如图 4-19 所示。

调整前视图参考的大小，以匹配角色模型，如图 4-20 所示。

图 4-18　导入基础人体

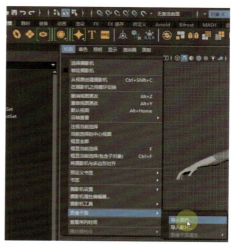

图 4-19　导入参考图片

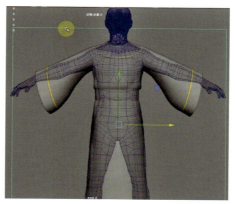

图 4-20　调整角色模型

2）服饰基本型制作

①创建基本体"box"，选择"多切割工具"按住"Ctrl+鼠标中键"给"box"的中间加一圈线，激活左右对称并调整 box 的位置，如图 4-21 所示。

②删除底面和顶面，调整衣服大型。使用多切割工具并按住"Ctrl+鼠标中键"，根据参考图调整衣服大型，如图 4-22 所示。

③使用"多切割工具"在模型的前后加上一段线，如图 4-23 所示。选择线段按住 Shift 键拖动鼠标"挤出"线段，"挤出"多次线段绕过角色肩膀到后背，再使用"桥接"工具使其与后背服装连接，如图 4-24 所示。

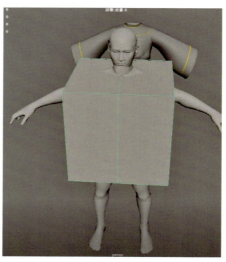

图 4-21　绘制 box

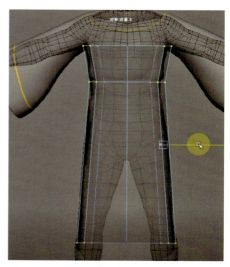

图 4-22　调整服饰大型

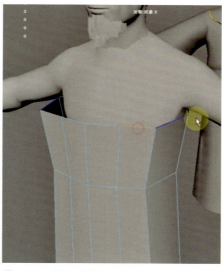

图 4-23　挤出线段

图 4-24　桥接

④使用"编辑边流"工具和移动顶点的方式，调整衣服的结构比例。同时，搭配"多切割工具"加线调整模型大型，如图 4-25 所示。

⑤选择衣服领口线段上的顶点，对着前视图参考衣领下方的金边结构，让顶点和参考图金边一致，如图 4-26 所示。

⑥选择模型上调整好的金边结构，使用"缩放+Shift 键"，拖动鼠标往里面"挤出"衣领结构。使用移动、缩放、旋转、编辑边流等方式调整衣领的结构，如图 4-27 所示。

⑦衣服胸口部分使用"多切割工具"加上线段，并使用"编辑边流"和移动顶点的方式调整大型。选择肩膀开口位置的布线，按住"鼠标 + Shift 键"，挤出衣服袖子部分，再使用"编辑边流"的方式调整衣服布线，使衣袖上的布线平均，如图 4-28 所示。

⑧继续用"多切割工具"，把衣服下方的结构加上几圈平均的布线，加完后，检查整体布线是否均匀，给不均匀的地方加上线段，然后使用"编辑边流"

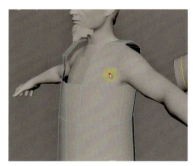

图 4-25 调整衣服比例及大型

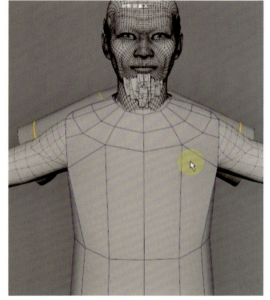

图 4-26 调整金边结构

图 4-27 调整衣领结构

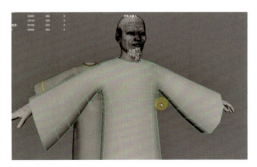

图 4-28 制作衣袖

图 4-29 调整衣服下部结构

进行调整，如图 4-29 所示。

⑨布线调整完毕后，使用"雕刻"工具，如图 4-30 所示，再选择"抓取"命令，如图 4-31 所示，对衣服模型和角色穿模的地方进行调整，同时，参考图片大致调整衣服的结构，效果如图 4-32 所示。

⑩制作衣服衣袖和胸口位置的金边结构，双击选择金边卡好的线段，执行"倒角边"命名，切角禁用，然后调整倒角边的分数，如图 4-33 所示。接着，双击选择倒角中间的线段，按住"Ctrl+ 鼠标中键"拖动，把中间的线段朝法线方向收拢进去。最后选择掉角的 3 条线段执行"硬边化"处理，衣服的中模就制作完毕。最终效果如图 4-34 所示。

图 4-30 使用雕刻工具

图 4-32 服饰调整效果

图 4-31 选择抓取

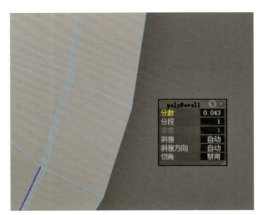

图 4-33 调整倒角参数

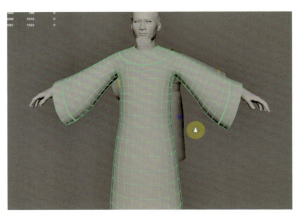

图 4-34 服饰中模效果

4.2.4　宋代文官革带中模制作

①选择衣服中模上卡好结构的循环面，然后"挤出"面，往里面"挤出"幅度。选择挤出的循环面，按"Shift+ 鼠标右键"找到"复制面"命令，将循环面复制出来，选中复制出来的循环面执行"挤出"命令，做出革带的厚度，如图 4-35 所示。

②在衣服的肚子部分加上一两条循环线，使用"雕刻"工具和"编辑边流"工具，调整肚子的结构，如图 4-36 所示。

③使用"多切割工具"给革带中间加上一圈循环线，选择加上的循环线执行"倒角"边命令调整倒角边的份数，如图 4-37 所示。然后在革带两条倒角边的上面各加上一条循环线，双击选择循环线，按 W 键然后再按住"Ctrl+ 鼠标中键"沿着法线朝向移动出来。最后双击选择下面的循环线执行"硬边化"处理，效果如图 4-38 所示。

④根据图片参考制作革带上的装饰物品，如图 4-39 所示。

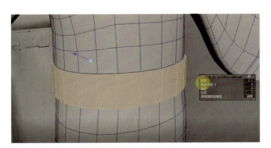

图 4-35　挤出革带厚度

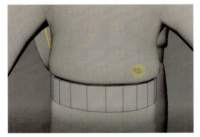

图 4-36　雕刻出肚子结构

图 4-37　革带倒角设置

图 4-38　革带效果

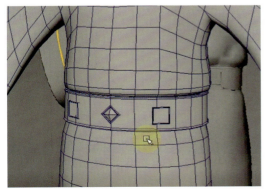

图 4-39　革带装饰效果

4.2.5　宋代文官服饰高模卡线制作

中模卡线是为了让衣服在平滑后还能保持大型结构不变，将中模导入
Zbrush 软件里进行卡线制作。（注意：在卡线之前备份一份或多份中模，制作
低模的时候也会用到中模。）首先，打开之前做好的中模，在模型的结构上找
到衣服的金边、衣袖、裙角、革带的包边等地方，选择其线段并执行倒角边命
令。然后，打开切角禁用，最后调整分数大小。切记分数大小决定了最后平滑
之后卡出来的结构的软硬结构，所以在调整的时候，应根据模型的结构的软硬
强度对切角的分数进行合理的调整。金边卡线如图 4-40 所示，衣袖卡线如图
4-41 所示。

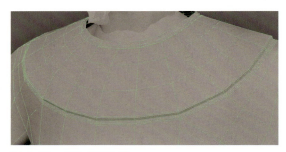

图 4-40　金边卡线效果　　　　　　　　　　图 4-41　衣袖卡线效果

4.2.6　宋代文官服饰高模褶皱雕刻

①导出卡线后的中模，导出格式选择 obj 格式。打开 Zbrush 软件导入 obj
格式的模型，导入成功后在画布中拖出模型，再打开左上角的编辑模式。

②可以用 move 笔刷进一步调整模型的大型结构，调整完毕后，对模型进
行多次细化，让模型的面数达到雕刻褶皱时所能承受的细分级别。雕刻褶皱时
所用到的主要笔刷是 Standard 笔刷，需要调整 Laty Mouse 的拖尾值并打开对称
雕刻，先对模型的衣袖进行褶皱的雕刻，如图 4-42 所示。

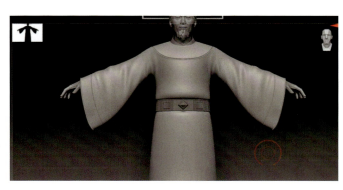

图 4-42　雕刻衣袖褶皱

③衣袖的褶皱雕刻完毕后，继续雕刻衣服剩下部分的褶皱细节。同样使用 Standard 笔刷，顺着衣服褶皱参考图的走向进行褶皱凹凸的结构雕刻，如图 4-43 所示。

图 4-43　衣服褶皱雕刻效果

图 4-44　Z 插件的抽面
（减面）大师

④衣服的褶皱雕刻完毕后，我们需要尽可能地在保证雕刻细节不丢失的情况下，对模型的面数进行减面处理。打开 Z 插件的抽面（减面）大师，如图 4-44 所示。在对模型进行预处理的操作后，软件会自动地运算处理模型。单击下面的"抽取"，软件会根据抽取的百分比数值对模型的面数进行"三角化"的减面操作，百分比越低，面数也就越低，模型所保留的细节也会减少。抽取模型前应当对原始模型做好备份，抽取后的模型无法再次进行雕刻、修改等操作。

⑤将减面后的模型导出，导出的格式选择 obj 格式，导入 Maya 或者 3ds Max，对着雕刻的高模来制作低模。

4.2.7　宋代文官服饰低模制作

①导入上一步减面后的高模，并与中模位置重叠，如图 4-45 所示。

②选择中模，对　　　　　　缝线处理。使用"收拢边"和"删除边"命令，对金边和一些能尸　　　　　　构进行删减化。删减完毕后，再次调低模的顶点，将模型进行　　　　　　查看低模的表面与高模型的表面是否匹配，如图4-46 所示。

图 4-45　高模与中模重叠

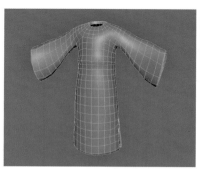

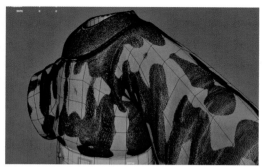

图 4-46　观察高低模是否匹配

4.2.8　宋代文官服饰低模 UV 展开

低模制作完毕后，需要对其进行 UV 的拆分。先沿着真实的衣服缝线进行 UV 的切线处理，如图 4-47 所示，然后对其进行展开处理，把每个 UV 块调整为大小相同的密度，那些里面的或者不会注意到的地方，UV 块要适当缩小。最后，把所有 UV 块都摆进 UV 格的第一象限里，如图 4-48 所示，注意摆放的时候一定要提高 UV 的利用率，不要留过多的空白区域，尽量保证不要浪费 UV 资源。

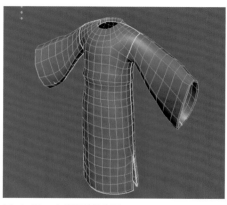

图 4-47　衣服切线设置

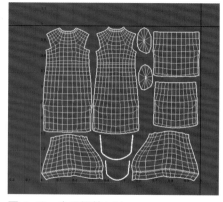

图 4-48　合理摆放 UV

4.2.9　宋代文官服饰法线烘培

①将做好的低模导出 fbx 格式，再将高模导出 obj 格式，打开 Marmoset Toolbag 软件进行法线贴图的烘培。

②打开 Marmoset Toolbag 软件，导入导出的高低模，然后单击创建 New Baker 的烘培工具，如图 4-49 所示。之后把导入的低模拖动到 low 的层级下，导入的高模拖动到 high 的层级下，如图 4-50 所示。

③接着单击最上面的 Baker，设置导出贴图的路径，已经烘培贴图的采样值，以及导出贴图的大小，如图 4-51 所示。

④单击 Bake 层级下的 low 层级去调节一下 Cage 的包裹值，让 Cage 完全地包裹住高模即可，如图 4-52 所示，调整完成后再次回到最上面的 Bake 层级，单击 Bake 按钮最终输出法线贴图，如图 4-53 所示。

图 4-49　新建烘焙

图 4-50　调整高低模位置

图 4-51 烘焙参数设置

图 4-52 调整 cage

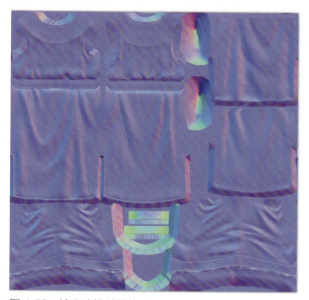

图 4-53 输出法线贴图效果

4.2.10 宋代文官服饰贴图绘制

①打开 Substance Painter 软件绘制最后的衣服贴图。首先单击"文件"，新建一个项目导入模型的低模和法线贴图，然后单击"确认"。接下来单击"纹理集"，设置烘焙模型贴图，如图 4-54 所示。然后在纹理集列表贴上烘焙好的法线和 ID 贴图，如图 4-55 所示。

②新建填充层再配合 ID 贴图，先给衣服所有的地方填上底色，并调整图

层里 Roughness 的值来调整服饰的光泽粗糙度，如图 4-56 所示。再创建一个新的填充层，给上黑色遮罩，并单击右键添加一个填充，把衣服纹理的黑白素材拖动至填充区域，最后调整纹理的比例值和图层的 height 的值，制作出衣服的纹理，如图 4-57 所示。

③再次新建一个填充层，给上黑色遮罩，并单击右键添加一个填充。把花纹的黑白素材拖动至填充区域，调节填充的比例和图层的颜色、Roughness、heigh 值，做出花纹的贴图，如图 4-58 所示。按照上述的方法，其他衣服模型的部件也可以采用同样的制作方式。

图 4-54　设置烘焙参数

图 4-55　贴上法线和 ID 贴图

图 4-56　调整服饰光泽粗糙度

图 4-57　调整服饰纹理

图 4-58　制作服饰纹饰

4.2.11　宋代文官服饰制作总结

①制作中模的时候，要精准地制作所有的结构和比例，包括布线的横平竖直；每个布线方块的大小要平均，尽量避免出现三角面，不能出现多边面。

②中模卡线的时候，一定不要卡得太紧或太松，确保每个重要的结构都卡上线，平滑后的服饰模型中模形状比例不能变。

③在雕刻褶皱的时候，一定要仔细，褶皱的出现要合理，不能太生硬。如果把握不好，可以多找一些古代服饰图做雕刻参考。

④低模制作的时候，要考虑哪些结构可以用法线的方式直接烘培到低模上，避免出现多余的废线和废点。同时，软硬边和光滑组的调整要正确，不能出现多边面。

⑤UV的切线尽量放置在不容易发现的地方，展开后观察UV块是否完全展开，是否出现棋盘格扭曲。摆放UV的时候，一定要把利用率提到最高，不容易发现的地方的UV可以适当缩小。

⑥烘培法线的时候，一定要检查高低模是否匹配，不匹配的地方需要调整顶点的位置。调整Cage时，包裹框一定要完全包裹住高模，不能与高模出现穿插。

⑦绘制贴图的时候，一定要正确调整衣服的底色。不同材质的衣服光泽粗糙度也会不一样，需要根据参考结合现实生活的反光进行调节。

二维码

模块五 ｜ 虚幻场景搭建

任务一　虚幻引擎安装和项目创建

在之前的课程中我们制作了木屋等场景中所需要的模型，现在将它们放到虚幻引擎中进行场景的完整搭建和最终的效果展示。

5.1.1　安装虚幻引擎

打开浏览器，搜索"UE4"，即可看到虚幻引擎的官网，如图 5-1 所示。也可以直接进入虚幻引擎官网。注意使用百度搜索虚幻引擎官网时需要识别搜索结果，如图 5-2 所示，以避免进入一些培训机构的网站。

图 5-1　虚幻引擎官网目录

图 5-2　虚幻引擎官网

单击右上角的"下载"按钮，即可进入虚幻引擎下载页面。在下载页面，选择"创作许可"后，浏览器会提示下载一个 Epic Games Launcher 的应用安装包，如图 5-3 所示。

安装完成后，启动 Epic Games Launcher 并登录您的 Epic 账号（如没有则单击进行注册），在左侧选择栏选择"虚幻引擎"并单击"库"，即可来到虚幻引擎的安装界面，如图 5-4 所示。

图 5-3　选择许可页面

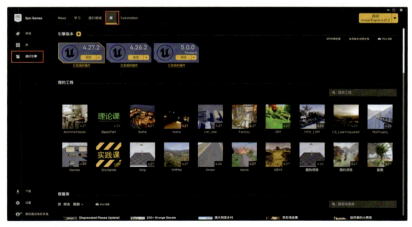

图 5-4　安装界面

单击引擎版本后面的"+"号就会弹出引擎的安装按钮（注意：版本为4.27.2），单击"安装"后，启动器则会自行在电脑上安装虚幻引擎。

5.1.2 创建一个虚幻引擎项目

安装完虚幻引擎后，桌面上将出现虚幻引擎的图标。我们可以通过双击该图标启动虚幻引擎，也可以通过启动器中的启动按钮启动虚幻引擎。

启动虚幻引擎后，会弹出一个虚幻项目浏览器，此处提供了游戏、影视与现场活动、建筑工程与施工、汽车产品设计和制造四种项目类型。此处我们选择游戏类型进行创建，如图 5-5 所示。

图 5-5　虚幻项目浏览器

单击后，虚幻在游戏项目中为我们提供了 14 种项目模板，每种项目模板都预设了其对应的一些功能和设置，可以根据自己的需求选择相应的模板进行创建（注意：此处即使选择了错误模板也可以在后面的使用过程中进行修改和添加）。此处我们选择一个空白模板进行创建，如图 5-6 所示。

接下来，我们需要对我们所创建的项目进行一些项目设置。

此选项选择"蓝图"或者"C++"，这里我们选择"蓝图"，因为本套教程中未使用"C++"。

此选项选择桌面、主机，由于我们不需要进行发布，所以直接选择该平台即可。

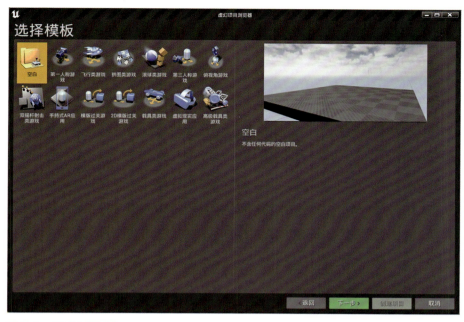

图 5-6　模板选择页面

此选项中选择"最高质量"，因为我们需要对整个场景进行一个最终的制作，所以直接以最高质量进行一个显示即可。

此选项可以选择是否带"初学者内容包"。"初学者内容包"中包含虚幻引擎为我们提供的一些预设材质、模型、粒子、音效等，方便我们在场景中进行使用。如果未选择，也可以在后期引擎中进行添加。

此选项选择"禁用光线追踪"，如果你的显卡是RTX，则你的电脑支持光线追踪，否则不支持光线追踪。无论你的显卡是否支持，建议在创建时禁用光线追踪，因为该功能会大幅度消耗你的电脑显卡性能，导致帧率大幅度下跌。同时，虚幻引擎中的光线追踪需要进行一系列的设置才会达到比较好的效果，所以慎用该选项。

此选项用于选择文件的存储位置和命名。建议文件存储位置的路径不要有中文，同时文件命名也不要出现中文，以免在后期的制作过程中出现不必要的麻烦。

随后，单击"创建项目"即可创建一个虚幻引擎的项目了。

任务二　认识虚幻引擎

5.2.1　虚幻引擎的布局

在我们创建完项目后，虚幻引擎就会自动打开该项目，随后看到的就是虚幻引擎的编辑界面，如图5-7所示。

图5-7　虚幻引擎界面

注意：如果打开虚幻引擎后未显示中文界面，可以单击左上角的Edit-Editor Preferences-General-Region & Language-Editor Language，选择"Chinese"即可切换至中文。

虚幻引擎的界面由场景视口、内容浏览器、放置面板、大纲视图、细节面板、顶部导航器、切换显示、工具箱组成，下面逐一进行讲解。

①场景视口：场景中所有的物体，包括但不限于模型、灯光、特效等，都会在此显示，如图5-8所示。

②内容浏览器：整个项目中的所有文件都会在此处显示，如图5-9所示。

③放置面板：此处提供了一些虚幻自带的Actor，可以用左键按住需要的物体拖入视口中，该物体就会在视口当中进行显示，如图5-10所示。

④大纲视图：场景中所有的物体都会在此处显示，如图5-11所示。

⑤细节面板：选择物体后，该面板会显示选择物体的属性，如图5-12所示。

⑥顶部导航器：此处主要集成了一些虚幻的常用功能，例如运行整个项目等，如图5-13所示。

图 5-8　场景视口

图 5-9　内容浏览器

图 5-10　放置面板

图 5-11　大纲视图

图 5-12　细节面板

图 5-13　顶部导航器

⑦显示切换：可以单击这三个按钮来切换虚幻视口的显示模式，如图 5-14 所示。

图 5-14　显示切换

⑧工具箱：如图 5-15 所示，从左至右依次是：

移动物体：用于上、下、左、右调整场景视口中的物体的位置，使之符合场景物体摆放要求。

旋转物体：用于旋转控制场景视口中的物体的位置，使之符合场景物体摆放要求。

缩放物体：用于对场景视口中的物体进行放大或缩小操作，调整物体比例，使之符合场景物体摆放要求。

切换物体本地坐标轴和世界坐标轴：用于切换坐标轴方式。

打开编辑器表面对齐功能：用于启用编辑器表面对齐功能。

启用、禁用物体拖动时与网格对齐：用于启动或禁用在拖动物体时是否保持与网格进行对齐。

设置移动网格对齐值：用于设置移动网格对齐值的大小。

启用、禁用物体旋转时与网格对齐：用于启用或禁止在旋转物体时是否保持与网络进行对齐。

设置旋转网格对齐值：用于设置旋转网格对齐值的大小。

启用、禁用缩放网格对齐值：用于启用或禁止缩放物体时是否保持与网格进行对齐。

设置缩放网格对齐值：用于设置缩放网格对齐值的大小。

相机移动速度：用于设置相机移动的速度，如场景较大的情况下，编辑时可将速度调大，完成后再调整为默认值。

图 5-15　工具箱

5.2.2　虚幻引擎基础操作

①漫游：在视口中按住鼠标左键、右键，使用键盘的"W""A""S""D"四个按键控制视口的前后左右移动，"Q""E"控制视口的上升与下降；

②前进：鼠标左键 / 右键 +W 键；

③后退：鼠标左键 / 右键 +S 键；

④向左移动：鼠标左键 / 右键 +A 键；

⑤向右移动：鼠标左键 / 右键 +D 键；

⑥下降：鼠标左键 / 右键 +Q 键；

⑦上升：鼠标左键 / 右键 +E 键；

⑧在视口中可以单击物体进行选择操作，选中物体后可以使用快捷键或者单击工具箱中对应按钮来进行移动、选择、缩放的操作。

移动快捷键：W；

旋转快捷键：E；

缩放快捷键：R。

此外，可以调整后面的几个按钮来实现进行移动、旋转、缩放的精确操作，通过对齐数值的设定来达到每次操作的准确性。

5.2.3　模型导入设置

将我们前期制作好的木屋模型拖入内容浏览器中，会弹出一个导入设置面板。

外部资产导入方法：

方法 1：直接将需要导入的资产拖入内容浏览器中；

方法 2：点击内容浏览器的"添加 / 导入"按钮，选择"导入 Game"，如图 5-16 所示。如果是后缀名为"uasset"的文件则需要关闭虚幻引擎，找到我们的项目文件所在位置，打开"Content 目录"，将整个文件夹拖入后再次启动虚幻引擎。

我们导入的是一个静态的模型，不需要勾选骨骼网格体，但需要生成一个缺失碰撞来避免在运行时出现穿模的现象。在材质导入流一栏中选择"不创建材质"，同时取消勾"选导入纹理"。后面我们会手动创建模型材质，并将贴图文件也一并拖入内容浏览器中，完成木屋模型的全部资产的导入。

完成导入后，所有的模型都是一个一个的部件。我们在内容浏览器中选择第一个模型后按住 Shift 键并选中最后一个模型，这样就选中了全部的模型文件。随后将选中的所有文件拖入视口中，就形成了一个完整的木屋，如图 5-17 所示。

图 5-16　导入设置

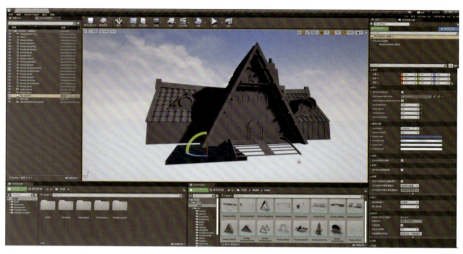

图 5-17　导入木屋模型

5.2.4　材质基础

右键单击内容浏览器的空白处，会出现一个创建菜单，如图 5-18 所示。

此菜单中的创建项包含虚幻中的全部创建项。我们选择"创建一个材质"并将其命名为"M_Mat"，如图 5-19 所示；然后双击即可进入材质编辑器页面，如图 5-20 所示。

图 5-19　创建材质

图 5-18　创建菜单　　图 5-20　材质编辑器面板

画面中心部分是材质编辑器的画布，所有的材质节点都在此处进行显示，选择画布中节点就是材质的根节点。右侧是材质的预览图，材质的效果将在此处进行显示。预览图下方的是材质节点的属性面板，选择某个材质节点后，它的属性将在此处展示；右侧是控制板，此处显示所有的材质节点，可以左键选中材质节点后拖入画布中，也可以在画布中单击鼠标右键输入想要的节点名称，按住"Enter 键"进行材质节点的创建；顶部是材质编辑器的顶部菜单栏，此处提供了一些材质编辑器的基本功能；画布下方是材质的统计数据，材质的消耗和采样会在这里进行一个显示。

常用材质节点：

三维向量（快捷键数字 3）：可以用来表示颜色或三维向量，如图 5-21 所示；

二维向量（快捷键数字 2）：二维向量，如图 5-22 所示；

一维向量（快捷键数字 1）：一维向量，如图 5-23 所示；

贴图采样：采样一个贴图，用于材质的使用，如图 5-24 所示。

上述四个节点都可以进行参数化的转化，然后在材质实例中进行引用，如图 5-25 所示。

将图片拖入画布中，按住鼠标左键从 RGB 拖出一个引脚连接到材质根节点所对应的地方，按照上图的连线对贴图进行链接，然后将所有的贴图右键转化为参数并依次命名即可，如图 5-26 所示。

图 5-21　三维向量　　图 5-22　二维向量　　图 5-23　一维向量　　图 5-24　贴图采样

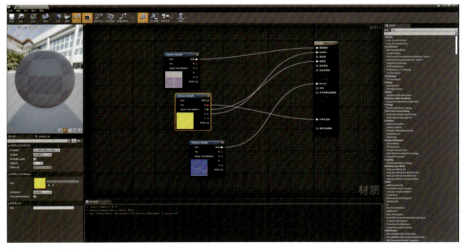

图 5-25　引用材质实例

图 5-26　贴图转化为材质并命名

　　右键单击制作好的材质，选择创建材质实例，如图 5-27 所示。

　　这样就可以避免为每个模型都创建一个新材质球，只需要对创建的材质实例更换贴图即可。接下来，按照贴图的命名与模型的名称进行匹配，进行材质的赋予，最终效果如图 5-28 所示。

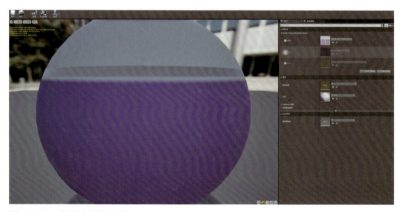

图 5-27　创建材质实例

图 5-28　木屋贴图效果

任务三　场景搭建

5.3.1　地形系统

虚幻的地形系统创建需要将模式切换从选择切换为地形，如图 5-29 所示。

切换后即可进入地形创建面板，如图 5-30 所示。

左侧为地形创建的参数，此处选择"默认参数"即可，然后单击"创建"，如图 5-31 所示。

创建后，鼠标会出现一个圆形的光圈，同时顶部栏会切换到雕刻一栏，如图 5-32 所示。此时就可以进行地形的雕刻工作了。退出雕刻模式需要将模式从地形切换为选择。

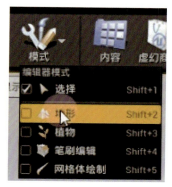

图 5-29　创建地形

注意：此处地形上出现了方块状的黑线，我们需要在世界大纲视图中选择"LightSource"，然后在细节面板中将"移动性"切换为"可移动"。同时 SkyLight 也要进行相同的操作。删除默认关卡中的"Floor"以及"Sphere Reflection Capture"。

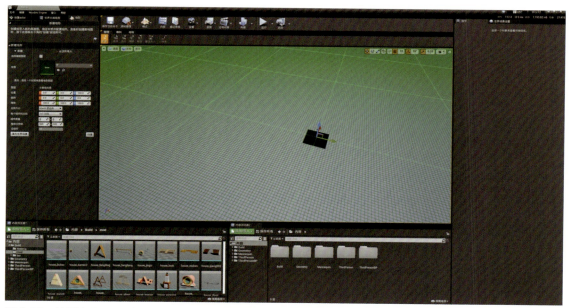

图 5-30　地形窗口

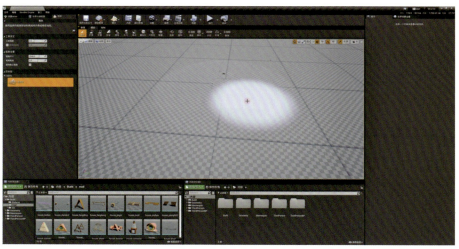

图 5-31　设置默认参数

图 5-32　设置雕刻模式

　　这一栏为地形雕刻笔刷的选择栏，每种笔刷通过点击或者按住不放进行移动都有不同的效果，各笔刷功能如下。

　　①雕刻：将地形进行抬升（按住"Shift 键"则是凹陷）；

　　②平滑：对地形进行平滑处理；

　　③平整：将地形变成一个平面；

　　④斜坡：按住"Ctrl 键"在地形上放置一个点，再次按住"Ctrl 键"放一个点，这两个点就会形成一个斜坡，可以通过移动点的位置控制斜坡的斜率，且实时刷新；

　　⑤侵蚀：地形侵蚀效果；

　　⑥水力：水流侵蚀效果；

　　⑦噪点：噪波效果；

　　⑧重拓扑：对地形拉伸严重的地方进行纹理的平滑（地形的方块是用来判断地形的纹理的拉伸情况的，正方形为没有拉伸）；

　　⑨可视性：对单独的地方进行单独显示；

　　⑩镜像：镜像地形；

　　⑪强度：笔刷的强度；

　　⑫半径：笔刷的大小；

⑬衰减：笔刷的衰减半径。

随后，我们将房屋放置在场景中，并进行地形的雕刻，如图 5-33 所示。由于房屋与地形不匹配，存在浮空的情况，我们需要对房屋周围的地形进行抬升，以匹配房屋与地形的接触，解决浮空的问题。

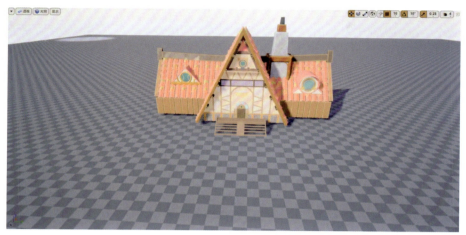

图 5-33　导入木屋进行雕刻

5.3.2　场景搭建

将提供的素材文件夹中的全部素材导入工程文件当中，如图 5-34 所示。

然后，对照着我们的最终效果图进行场景的大型搭建，如图 5-35 所示。

注意此处我们不需要将整个场景中的内容搭建出来，只需要搭建一个大型即可，如图 5-36 所示。

图 5-34　导入素材到工程文件

接着，我们打开材质编辑器，为地形创建一个地形材质，如图 5-37 所示。

在画布空白处，点击鼠标右键弹出搜索框并搜索 LayerBlend，按下"Enter"键进行节点的创建。在该节点的细节面板中，单击"+"号创建 3 个图层，并为它们分别命名，如图 5-38 所示。

随后，创建三个三维向量，为它们分别赋予不同的颜色并进行连接。注意每个三维向量都要参数化，方便后期材质颜色的调整。然后，将地形材质赋予地形上，如图 5-39 所示。

此时，整个地形会全部呈现为黑色。在地形细节面板中也出现了我们创建的三个图层，单击三个图层后的"+"号，逐一创建每个地形图层后显示就会正常了，如图 5-40 所示。

图 5-35　参考效果图

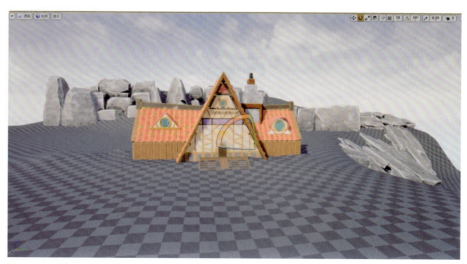

图 5-36　搭建场景大型

图 5-37　创建地形材质

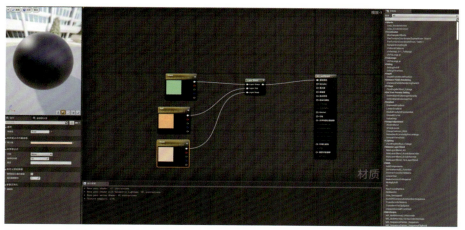

图 5-38　创建三个材质图层

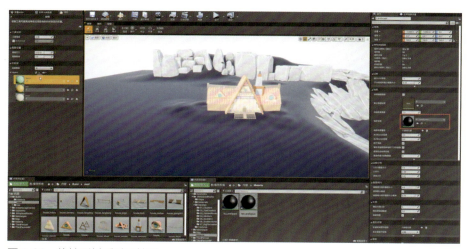

图 5-39　将地形材质赋予地形

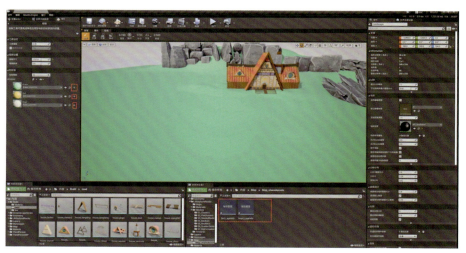

图 5-40　创建地形图层

图 5-41　绘制地形设置

图 5-42　场景进一步搭建

　　然后，我们就可以像使用地形雕刻笔刷一样，在地形上进行地形材质的绘制，如图 5-41 所示。

　　地形图层同样提供了一些自带的笔刷，它们和地形雕刻笔刷的操作方法类似。我们可以在地形上刷出一条小路，同时调整地形材质的颜色，并用提供的素材对场景进行进一步的搭建，如图 5-42 所示。

搭建到这种程度后，将场景中的 LightSource 和 SkyLight 进行删除，我们将使用素材中提供的天空来作为光照来源。

5.3.3 场景细化

将素材文件 StylizedWeather-Blueprint 中的 BP_StylizedWeather 拖入场景中，并在细节面板将时间设置为 18：30，这样就得到了最终效果图中的天空，如图 5-43 所示。

随后，在放置 Actor 中拖入一个平面，放置在场景的右侧当作海平面，将其缩放至合适的大小，并将素材文件夹中的海水材质赋予平面，如图 5-44 所示。

图 5-43　设置天空效果

图 5-44　设置海面

图 5-45　设置假山和彩虹

图 5-46　找到植物素材

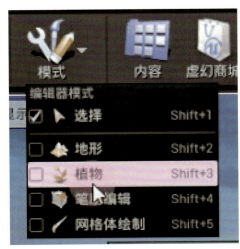

图 5-47　切换模式为植物

再把素材文件中的远处假山和彩虹也放在场景海水一侧中，如图5-45 所示。

找到素材文件夹中的植被，利用虚幻的植被工具给整个场景添加植物，让整个场景更加生动，如图5-46 所示。

我们将模式切换到"植物"模式，如图 5-47 所示。

此时，我们会多出一个植物的细节面板。将素材中的植物拖动到植物细节面板中，此时鼠标会变成一个半圆形的光标，如图5-48所示。

调节绘制属性下的密度和笔刷大小，就可以开始绘制我们的植被了。绘制出来的植被数量取决于我们的密度，密度越大，则光圈范围内的生成的植被就会越多；反之，就越少。然后，再加入一些花，把密度调小一些，让植被更加生动一些，如图5-49所示。

图 5-48　植物绘制模式效果

图 5-49　绘制花卉

然后，将素材文件夹中的素材再摆放一些到场景中，增加一些细节，按下"F11"进入全屏模式，预览我们最终做好的效果，如图 5-50 所示。

最后，点击左上角的下拉菜单，选择我们的高分辨率截图工具进行截图，截图尺寸越大，图像质量就越高。但要注意这个参数一般给到 1 即可，如果过大，则会导致显卡的爆显存工程闪退。截图后，在右下角会弹出截图保存的目录，如图 5-51 所示。

图 5-50　预览效果

附　录

图 5-51　高分辨率截图设置

参考文献
REFERENCES

［1］朱光潜.美学拾穗集［M］.桂林：漓江出版社，2011.

［2］朱光潜.谈美［M］.北京：中国青年出版社，2015.

［3］叶朗.美学原理［M］.北京：北京大学出版社，2016.

［4］张文勋.民族审美文化［M］.昆明：云南大学出版社，2007.

［5］张晶.作为美学新路向的审美文化研究［J］.现代传播（中国传媒大学学报），2006，28（5）：26-30.

［6］杨桦，郭志强，张成霞.3dsmax建模技法经典课堂［M］.北京：清华大学出版社，2019.

［7］姜玉声，唐茜.ZBrush+3ds Max + TopoGun + Substance Painter次世代游戏建模教程［M］.北京：电子工业出版社，2019.

［8］别情倩，弓太生，沈浩.科技与艺术交融下的次世代游戏［J］.电影评介，2010（19）：71-73.

［9］梅佳琪，陈强.基于虚拟现实的多感官视觉交互界面生成方法［J］.计算机仿真，2022，39（9）：212-216.